U0093933

超強文案力

銷售文案大師 **張光熙**
（威廉老師）

SUPER
COPYWRITING

0基礎也學得會！

變現力 NO.1
營銷教戰手冊

" **3** 大招
搞懂文案力營銷 "

文案
技巧

銷售
策略

案例
分析

見證一代網銷大師的崛起

　　我還記得第一次見到威廉，是在我的出書出版課程上，那時他還是在底下聽課的學員，如今《超強文案力》已是我司幫他出版的第三本書，也才不過四年的時間。身為出版社集團董事長，對於旗下出版班輔導的學員能出書、而且是連續出了三本書一事當然喜聞樂見，加上前兩本書《完全網銷手冊》、《網銷獲利關鍵》成績也相當不錯，是排行榜上的常客，想必這次也能打造亮眼的成績。當然這樣的成績除了威廉本人的努力與我們出版社的助力外，作品的質量也絕對是有目共睹，在這樣的信心加持下才能不斷地推出新作品，回饋讀者的支持。

　　威廉的這三本書都有一個共同的主軸，那就是網路行銷，因為他本身就是靠「網路」成功翻身的，如今已是業內首屈一指的網銷大師，所以他把他在網路行銷的經驗出書成冊，幫助那些想要透過網路創業的人是非常有說服力的。在我看來，網路創業基本上入門門檻低，很適合想闖一闖但卻沒有資源的年輕人，但殘酷的現實是能成功的沒有幾個。現在是一個自媒體盛行的年代，任何人都可以自成網紅，在網路上玩天馬行空的創意，看似人人都可以一夕成名，但如何從眾多競爭者中脫穎而出、被目標客群所看到，成功打入對方心坎進而願意跟你成交，不破解這些隱形的陷阱，夢想將始終難以兌現，當然這道難題也不是無解，相反地卻也很好解，我認為第一步就是要培養文案力。

　　不是因為要推薦才硬扯到文案上的，我投身出版產業也有三十多年了，自己也出版過不少暢銷書，旗下的團隊更是經手了數千種書籍的出版與行銷曝光，一路走來，累積了不少感悟。我先問大家一個問題，你覺得作品是否暢銷是取決於內容的好壞、作者的名氣還是行銷的強度？這麼說吧，內容寫得再好但沒人知道也是枉然，而投作者名氣的人，是否意味著，要先當上名人才有資格出書呢？怎麼想都不合理，對吧！為何「行銷」能解決前面兩個問題？因為透過行銷，好作品能被更多人看見，沒名氣、沒頭銜的人也可以透過包裝，把自己行銷出去，行銷還能解決更多問題，而行銷的根本就是文案力。

　　文案，顧名思義，就是用於向他人宣傳的文字。宣傳的主體包羅萬象，可以是實體的產品，也可以是虛擬的項目、理念、文化、企業或個人形象等，日常或職場中也經常會用到文案，例如社會新鮮人投的履歷、上班族向長官提交的報告，業務給客戶的提案，或是投稿出版社的企劃，甚至臉書上的美食旅遊 PO 文與學生上課寫的筆記都是文案的展現。文案是一種深度思考後的結果，學會文案可以讓你化繁為簡，懂得如何抓重點、精準表達，避免流水帳或不知所云的狀況發生。這是我眼中文案的力量，也是我親身經歷，相信威廉這本《超強文案力》能對你有突破性地幫助！

亞洲八大名師首席

王晴天

| 推薦序2 |

行銷人必讀，指引明路的銷售指南

　　「天道酬勤」這句話是我之前一直的信仰，但我發現當以這樣為信念的時候，似乎只會招來更多的辛苦，而且方向不對，努力白費。如果天道真的酬勤的話，那這個世界上最成功的人應該是最努力的人，那麼可以一直努力24小時的人，就是最成功的對吧？但天道不是這樣運行的。當然我不是說努力不重要，常常也聽人說要拚搏到感動自己，努力到無人能敵，但努力在現在已經是基本「標配」了，在努力上層還有一個東西，方向錯了全盤皆輸。

　　在努力之上還有一個很重要的東西，是用善知、善念、善解來對待每一個人。我知道如果付出仇恨只會收穫仇恨，你付出愛就會收穫愛，當你用善念對待每一個人、看待每一件事的時候，宇宙就會回饋給你，因為「天道酬善」。地藏王菩薩為什麼能夠成為地藏王菩薩，因為他發下大願：「地獄不空，誓不為佛」，願力是非常強大的。特斯拉創辦人馬斯克他的願景是：改變人類的世界，讓人類擁有更好的生活。馬斯克是個著名的工作狂，跟隨的員工自然工作量也不會少，但他從來都不是用高薪把這些世界級一流人才留在公司，而是用這無比崇高等級的願景，讓人願意跟隨共創更多相同的願景，當願發的越大，智慧更多財富也就更多了，所以「天道酬願」。威廉老師在教育培訓業發的願是希望可以協助更多的人能夠達到「上善若水」的境界，不論在什麼樣的環境中都能悠閒安度，一個向

上與人為善的願。

在做網路電商的同行們可能看我好像做的很順，但是你們可能不知道我是因為跟對了老師，一路上一直給我指引對的方向，才能讓我步步走步步順；每個人在很多階段可能有不同的老師，而威廉老師一直是我在谷底黑暗中盤旋的時候，拿著手電筒照亮我前方道路的人。他會不厭其煩地用著他獨門的表達方式，讓人感受到溫暖，他會細心觀察到記得你說過的每一句話，然後在對的時間做出對你最有利的協助。而行銷想要運作的順利，「文案力」是不可或缺的能力。拜讀完這本書，如同上完威廉老師的文案課程一樣，收到滿滿的實用知識，還有模版可以讓我們直接套用！誠心地推薦你購買本書，跟著威廉老師運用文案力打造無限金流！

今威廣告行銷有限公司 總監

曾蘋果

新媒體時代文案人必備攻略

　　我覺得文案是在這個時代必要學習的技能，我們的日常被社群媒體、網路文章、通訊軟體所包圍，無時無刻都是文字的傳遞。當然影音也是頻繁的出現在我們的生活，而影音背後的腳本也是文字。所以在這個時代你文案寫得不好，就好像你不會說話一樣，而我們都知道，不會說話的人在這個社會是很容易吃虧的。

　　跟威廉老師認識一段時間了，就我所知，他是一位非常專注在教育培訓產業的「教練」，而他最拿手（或說招牌）的課程，就是「文案課」。

　　每年有數百位的學員，跟他學習如何寫得一手好文案，同時他也在社群上分享許多對於文案撰寫上的觀點。如今他出了這本聚焦在分享文案的書籍，如果你是想掌握這方面能力的人，真心建議你拿來好好拜讀一下。書中不僅僅有文案的詳細介紹，還提供使用文案讓收入倍增的策略，讓你除了提升撰寫文案的功力以外，還能實際操作將文案變現。總體來說，本書絕對物超所值！

天賦夢想家顧問有限公司 執行長

洪幼龍

| 推薦序4 |

世界上最省力的路，就是明師指路

親愛的朋友你好，我叫江兆君，研究網路行銷將近三十年，很多人都叫我小 M 老師。說起來，我跟作者威廉導師的緣分很奇妙，我跟他認識十多年了，從一開始是臉書的臉友、一起去上課當同學，到後來威廉來上了我的網路行銷課，之後我也去上了威廉的銷售文案最高階課程「終極文案贏利系統」。

我本身是一個非常熱愛學習的人，投資在自己的腦袋的學費累積起來已經可以買一棟豪宅了，而在我上過這麼多課程，包含許多是世界第一流大師等級的課，我可以客觀公正的說，威廉講解課程之用心細膩實在是世間罕見。到如今，我也開始跟威廉導師一起合作開課，這在整個網路行銷界是很少見的，我們不但沒有同行相忌，反而是識英雄惜英雄，強強聯手。

若說網路行銷是許多的容器或載體，那麼其中的內容物便是文案了，不管想用任何一種網路行銷工具獲利，最重要的莫過於學好文案。欣聞威廉導師出了這本專門談銷售文案的書，裡面有不少威廉老師多年來使用文案銷售的經驗，相信你閱讀完此書後，文案力一定能大幅增長！在此推薦你購買本書，誠心祝福，你能透過學習本書，翻轉人生！

邁林國際 董事長

| 推薦序5 |

通往財富的高速公路

親愛的讀者朋友你好，我是陳又寧，我曾經用……

1 小時創造出 400 萬的業績

1 個月創造出 1 千零 40 萬的營業額。

30 天成交超過 80 位客戶，每人成交金額 12 萬臺幣。

我專注教人如何透過公眾演說來賣他們的產品，也就是所謂的「銷講」，我的學生來自各行各業，他們有著不同的產品，但相同的是他們學完之後，應用我所教他們的技術，收入都有了可觀的提升，有的人成長兩倍、三倍，甚至有人成長到十倍！

我發自內心的相信，人一輩子什麼都可以不學，但有一個能力一定要學，那就是「銷售」。因為不管我們想要獲得任何有價值的事物，不管是金錢、物質，甚至是美好的伴侶與生活，都需要透過銷售。因為，銷售就是說服，而說服就是打開任何一個藏寶箱的萬能鑰匙，更是通往財富的高速公路！

我認識威廉導師許多年了，他的銷售方式讓我感到不可思

議，因為他是專注於研究如何透過文字作銷售的權威，甚至能夠做到不用與人見面，就能賣出成千上萬的產品，簡直就像是魔術一樣！

如果你想學習如何透過行銷演說，來把產品賣出去，我會當仁不讓的推薦我自己，但如果你想學習如何透過文字，把產品給賣出去，威廉導師絕對是我唯一會想推薦給你的不二人選！

在我與他合作多年以來，我已經親眼目睹了威廉導師是如何一次又一次的，透過銷售文案創造奇蹟，連高單價的產品，他都能透過文字給賣掉！更棒的是，在拜讀完本書後，我發現威廉老師將如何使用文字賺大錢的祕密都寫在裡面了！所以，誠心地推薦您購買本書，跟著威廉老師一同開啟通往財富的高速公路！

力恩國際創辦人

陳又寧 老師

從無到有的文字煉金術

　　親愛的讀者朋友，你有一個優質產品，想要讓它賣得更好嗎？你想要讓你的個人品牌、公司品牌，變得更廣為人知，並且深受喜愛嗎？你渴望掌握一種技術，能夠在你面臨資金需求的時候，憑空變出錢來嗎？

　　如果以上的三個問題，你的答案是肯定的，那麼我要跟你說一個好消息，就是你的願望，是可以被實現的，只要你學會一個能力，那就是～文案之力。

　　是的，遙想二十多年前，我剛出社會，身負數百萬的負債，在沒有資金、沒有靠山的情況下，我白手起家建立了屬於自己的事業。

　　已經數不清有多少次，當我需錢孔急，找不到人可以借錢給我的時候，我只是打開電腦，打上幾行字，然後發布出去，在二十四小時之內，就會有人陸續付錢給我，甚至有的時候只需要半小時，就有錢流進來，可說是比網上申辦貸款還快！

　　是的，文案不僅扭轉了我的人生，我更是透過銷售文案，幫助許多學生以及我輔導的企業們，快速的把庫存變現金，有如棒球賽的九局下半逆轉勝！

　　我堅信不管是任何人，都值得在一輩子當中，投入至少三個月～一年以上的時間，好好認真鑽研打磨銷售文案寫作的技

巧，一旦你願意這麼做，並且付諸行動，那麼文案之力將附著在你的身上，幫助你在任何行業都能有所提升。

是的，你能想像嗎？當你動筆或敲打鍵盤，寫出了一些有銷售威力的文字，這些文字組合起來，就像是一群忠誠的業務員，能夠代替你衝鋒陷陣，一天二十四小時，一年三百六十五天的為你工作，為你帶來源源不絕的訂單與現金，而你完全不需要支付他們薪水、獎金，更不用擔心他們會叛變。

因為，你的銷售文案，就是你召喚出來的自動賺錢機器。只要你的銷售文案還在世界上，能被為人所看見，而你所賣的產品，也還能有效的運行產品的有效性與交付功能，那麼你的文案就能持續營利。

還有什麼比這更美好的？而你，我親愛的朋友，你無須有著高學歷、文憑、證照，甚至相關工作經驗，你需要的僅僅是能用文案賺到錢的信心、野心，以及我即將透過這本書帶給你的技術，如此而已。

我曾經透過銷售文案，用一小時的時間投入寫作，就淨賺了將近二十萬。而在美國，一個頂尖的銷售文案寫手，甚至可以做到年收入上億，而且還是美金！你想跟我一起探索這個神奇、瘋狂，又令人著迷的世界嗎？那麼，就請往下繼續展開閱讀吧！

長久以來，我一直有一個夢想，就是寫一本書，把我二十年來，對於銷售文案的心得寫進去裡面，並且藉此幫助更多人，可以一窺銷售文案之奧妙所在。

在此非常感謝采舍集團的王晴天博士及全體同仁的投入，讓這本書得以付梓，讓我的心願得以實現。期待這本書可以幫助更多人實現美好人生，並相信我過去以來，一直努力不懈的修練，就是為了讓我們一起在一個更美好的境界相遇，祝福你……

因擁有文案之力，人生無限精彩！

作者 威廉 導師

於臺南 若水會館

▲ 威廉老師授課影像

【推薦序】見證一代網銷大師的崛起／王晴天 3

行銷人必讀，指引明路的銷售指南／曾蘋果 5

新媒體時代文案人必備攻略／洪幼龍 7

世界上最省力的路，就是明師指路／江兆君 8

通往財富的高速公路／陳又寧 9

【作者序】從無到有的文字煉金術／威廉 11

Part 1 如何使用文案為自己加薪？

❶ 學習文案力，賺錢更容易 18

✎ 學好文案，有什麼好處？ 19

❷ 重複使用時間的賺錢方法 23

✎ 3 種時薪暴漲的方式 23

✎ 學好文案，可以活得更自由 31

❸ 因為文案，收入翻倍的 5 個策略 40

✎ 策略 A：找個好商品自己做買賣 40

✎ 策略 B：幫人寫文案導客或者是轉單 49

✎ 策略 C：運用文案力做聯盟行銷 51

✎ 策略 D：上網接專案，偶爾賺外快 55

✎ 策略 E：業務懂文案，業績 N 倍長 56

❹ 文案如何寫，讓貴人忍不住提拔你？ 66

  ✎ 找對人，用對方法，成功並非遙不可及 66

  ✎ 從用戶思維下手，寫出有感文案 68

Part 2 勸敗文案的必修基本功

❶ 3 分鐘，搞懂銷售文案 78

  ✎ 銷售是什麼？ 78

  ✎ 到底銷售文案是什麼？ 80

  ✎ 為什麼文案寫作能力很重要？ 81

  ✎ 什麼是銷售長文案？ 82

  ✎ 何謂銷售短文案？ 82

  ✎ 短文案應用趣 85

❷ 短文案決定你的吸金度 90

  ✎ 短文案的好處有哪些？ 90

  ✎ 為什麼銷售短文案很重要？ 95

  ✎ 3 要點，讓你抓住消費者眼球 96

❸ 短文案自動賺錢系統 103

  ✎ 短文案黃金組合拳 103

  ✎ 一般人 PO 文成效不佳的原因 107

Part **3** 銷售文案應用煉金術

1 煉金 Tips 1：短文案變現 116
　　✎ 撰寫短文案的 7 大 Point 116
　　✎ 善用工具，打造文字印鈔機 122

2 煉金 Tips 2：商品文案 125
　　✎ 3 大關鍵，教你寫出誘人文案 126
　　✎ 爆款文案模版直接用！ 135
　　✎ 實際案例 1：熱銷課程文案 144
　　✎ 實際案例 2：牛肉乾文案 156

3 煉金 Tips 3：銷售信 157
　　✎ 8 步驟，創造電子化 super sales 157
　　✎ 4 步驟，讓銷售信變現 193

4 煉金 Tips 4：用 LINE 勾起消費者目光 200
　　✎ 2 口訣，讓客戶不再拒絕 200

Afterword **後 記**

1 改變我一生的轉振點 208
2 文案人必備錦囊：Q&A 特輯 212

Part 1

如何使用文案
為自己加薪？

SUPER

COPYWRITING

1 學習文案力,賺錢更容易

　　親愛的朋友你好,在進入正文之前,我想先問你幾個很重要的問題。首先,如果有一種方法,可以讓你實現一種賣產品的方式,就是不用跟人見面、開口推銷,就能成交收錢。而且你不需要有很厲害的口才,也不需要有很厚的臉皮,就能創造出跟業務高手一樣,甚至比業務高手更厲害的業績及收入,你會不會想學呢?如果我再跟你說,有一種技術,可以讓你實現在任何地方,不管是在家裡的沙發上、或床上、甚至是渡假酒店裡面、海邊的沙灘上,只要你手上有一臺可以上網的電腦或手機,就能夠隨心所欲的創造收入,那麼這樣的技術,你會不會想擁有呢?

　　請你想像一下,有一種生活,是讓你可以實現二十四小時自動化賺錢,讓你可以每天過著睡到自然醒的日子,你再也不用每天出門上班、不用每一天在交通顛峰時間去擠公車或捷運,在家就能夠有錢進來,而且收入還足以養活自己與你的家人,更棒的事情是,你可以有充分的時間,去做你喜歡做的事情,這樣的生活會是你想要的嗎?

學好文案，有什麼好處？

針對以上的三個問題，如果你的答案都是肯定的，那麼我要跟你說：恭喜你，你找到了你需要的資訊了！而且隨著你看完這本書之後，你將會掌握這樣的方法與技術，並且離你夢想中的生活更靠近了！

為什麼我會跟你這麼說呢？因為眼前你正在閱讀的這本書的作者，也就是我，已經實現了這樣的生活。不只如此，我還會把我怎麼做到的步驟跟你講，並且幫助你實現跟我一樣的生活。當然前提是你要願意跟著我學習，對嗎？畢竟如果你不願意跟我學習，那麼我就算有再多寶貴的技術，也是幫不上你的。那麼，我相信你是願意跟著我學習的，如果你是的話，還請繼續看下去囉～

好，首先我們來聊一件事情，就是到底為什麼我們要學習文案這個技能？學好文案，對我們可以產生哪些幫助呢？其實文案是一個非常實用的能力，不管你從事什麼工作，文案都會扮演一個很重要的助力角色，派上用場。比如說你是做網拍、經營電商的人，那麼你會需要寫一份好的商品介紹文案，這樣才會讓網友看了更想跟你買。又比如說你是從事業務工作，做保險、做直銷、房仲或其他業務工作等，不管你是要賣產品也好，又或者是你需要招募下線、招募代理、招募員工、招募事業夥伴，那麼從你嘴巴裡面所講出來的話語，就是文案的一

種。又或者你並不是從事業務工作，而是一個單純的上班族，那文案的能力會不會對你有幫助呢？答案當然也是肯定喔。你思考看看，假如今天你要找一份工作，你是不是要寫一份履歷表？然後把這份履歷表投遞到很多的公司，推銷你自己，這個時候你的履歷表其實就是一份銷售文案，它推銷什麼產品？推銷的就是你這個人。如果你的履歷表寫得不好，那麼你這個人就會賣不掉，也就是找不到工作，或者是雖然賣掉了，但卻是用一個很低的價格，把自己賤賣了，那樣不是很可惜嗎？

不止在找工作時我們會使會用到文案的能力，當你開始上班之後還是會繼續一直用到文案的能力喔！你想想看，請問你上班的過程當中，你會不會有的時候要寫Email，或者是用LINE跟老闆報告，或者是跟同事溝通，甚至是跟廠商或跟客戶做提案？我想這個絕對是蠻多人上班會遇到的事情，除非你的工作是純勞力的工作，那就不需要做這些。如果你是內勤人員，那麼有很大的機率，這些工作會發生在你的身上。

好啦，那我想請問這個時候，你的文字品質會不會影響到人們對你這個人的評價呢？答案是當然會。因為在職場上，每一個人都是會在默默地不斷為你打分數，而你的一舉一動，一言一行，就包含你的用字遣詞，都會在他們的評分項目欄上為你打分數。有的時候因為你一個措辭不當，就有可能導致你在老闆或者是客戶的心目中黑掉了，甚至是害你的公司在客戶心目中黑掉喔。也許你會說：「哇有那麼可怕嗎？威廉老師你不

要在那邊危言聳聽好不好？」我要告訴你，就是有這麼可怕！並不是因為我教文案，才說文案很重要，而是文案原本就是非常重要到不行好嗎。有的時候，只是一句話寫錯或說錯了，就可能讓原本的盟友變成了敵人，原本的助力變成了阻力。

　　而且更可怕的是在職場上這些人還不見得會告訴你，你黑掉的原因是什麼？他們不一定會跟你說，就是因為你的那句話說錯了，導致你成為老闆眼裡的黑人，被冰凍起來。如果你告訴我說：「威廉老師，我只是一個學生而已，有必要學好文案嗎？」其實你不妨去思考看看，學生有時候要交報告對不對，或是在參加推甄的時候，會不會需要寫一些東西讓自己被甄選上？會，那就對了。所以即使是學生，學好文案也是非常重要的。甚至毫不誇張的說，在感情上，一個男生想要追到女生，讓自己可以成為她的另一半，也需要使用到文案技巧。反過來說，如果你是女生，你想要讓妳的男朋友或是老公一直繼續愛妳，善用文案就能達到妳想要的結果。甚至！如果有一天你成為了家長，做為一個爸爸或是媽媽，你要讓你的小孩子聽話，也還是會使用到文案的技巧。

　　看到這裡，你也許已經明白了文案的重要性。那麼，你也許會想了解本書的作者，到底是怎麼樣的一個人？為什麼他有資格教你寫好文案呢？可以在文案的領域，給你很多收穫呢？好，接下來就讓我來做一下簡單的自我介紹吧！親愛的朋友你好，我叫威廉導師，是若水學院創辦人，寫過兩本暢銷書──

《完全網銷》《網銷獲利關鍵》。我研究網路行銷將近二十年，曾經透過文案賣減肥產品，做到了年營業額上千萬。也曾透過文案，賣課程，也做到了年營收上千萬。而且我還曾經透過文案經營直銷事業，同樣達到了年收入上千萬，總而言之，目前為止，我透過文案所創造的收入，保守估計已經超過三千萬了。甚至在我交過的女朋友當中，有幾任也是因為我文案寫的好，才吸引到對方的。怎麼說呢？因為我也很擅長把自己在交友網站上的自我介紹寫的很有意思，會讓女生很想認識這個男生看看，所以當時我把我的資料 PO 上交友網站之後，每天都會收到好幾十封信件，都是女生寫信給我，想要主動認識我的。你知道嗎？大部分的女生都喜歡長的比較高的男生，而我的身高並不高（不到 170 公分），卻能夠用文案吸引到很多女生的青睞，你覺得是不是一件非常勵志事情呢？好啦，所以這說不定也是激勵你想學好文案的要素之一。

　　本書的第一個章節將專注在如何讓你因為文案力的提升，收入跟著翻倍成長，這會是你想要的結果嗎？

2 重複使用時間的賺錢方法

　　首先在進入本小節的正文之前，我想先跟你聊個很重要的話題，這個話題就是賺錢。親愛的朋友，你思考一下，你覺得一個人賺錢的能力重要不重要？或者你也可以思考，對你來說，賺錢能力好或不好，對你來說很重要嗎？為什麼重要呢？為了滿足基本的生活條件，不管我們要吃、喝、住、休閒娛樂，還是交通，各種方式我們都需要錢，我們若想要有個住宿的地方，要不就是繳房貸就是要繳房租，所以滿足這些基本生活條件，我們就得賺錢，如果我們想要擁有一個更好的生活品質，不只是生存，而是生活；就得賺更多錢。什麼叫生存？可能只要白米飯配開水就能生存，但是這樣的生活肯定你不會覺得很有滋味、很快樂。你可能會有想要吃魚、肉或這些美味的蔬菜或水果等，這樣就叫生活。如果你想要過上更好的生活品質，你就要賺更多更多的錢。

 ## 3 種時薪暴漲的方式

　　你有沒有發現一件事情——就是每單位小時（比如說一小時）能夠賺多少錢，如果這個數字越高，也就是單位小時你能

23

夠賺越多錢，你就會擁有越多的什麼？自由。怎麼說呢？我分析給你聽，現在來說普遍一般人上班一天是 8 個小時，對不對？扣除掉我們還需要睡眠，還要吃東西、洗澡，我們一天扣掉吃喝睡，還有工作後，我們剩下的時間就是我們的可自由支配時間。可自由支配時間是多少呢？經過統計，一般來說大部分的人，他一天的可自由支配時間大概是 2～3 小時左右，他可以來玩遊戲、上網、追劇等。我不知道你要維持生活你大概賺多少錢，每個人心裡面可能有個數字，也許你一個月賺五萬或六萬才能夠滿足你的生活。好，你現在想一件事情：如果過去你是要一天工作 8 小時，一個月可以賺五到六萬。但你現在不用一天工作 8 小時，只要一天工作 4 小時就好，可以賺到一樣的收入，這就意味著你每天的自由時間多了多少小時？答案是多了 4 小時。你就可能有 6 到 7 個小時可以去做任何你喜歡做的事情，比如說看看電影、陪伴心愛的人，或者是靜坐冥想、讀書或做任何你喜歡的事情，你的自由度就變高了，對不對？如果不是一天工作 4 小時，而是一週工作 4 小時，你的自由度是不是就更高了？

賺錢的 5 種方式

- 當一般上班族
- 從事業務工作
- 接案
- 創業
- 投資

　　賺錢有哪些方式呢？我在這邊分析給你聽，**第一種就是當上班族賺錢，第二種叫從事業務工作賺錢，第三種是接案子賺錢，第四種為創業賺錢，第五種則是投資賺錢**，有些人他賺到錢之後，他可能會用投資的方式去錢滾錢，叫投資賺錢。這幾種賺錢方式我都經歷過。我一開始是當企劃人員，一個月工作可能賺個兩三萬的薪水，後來覺得這樣收入好像很難有好的成長空間，所以我就去做保險業務，收入就變得比較高。做了這份保險業務之後，又轉行接網站設計，後來就開了家網頁設計公司。

　　絕大多數的賺錢方式大概不跳脫這五種，可是如果你仔細思考一下這五種賺錢方式，你有沒有發現一件事情：其實不管你跟我用什麼方式賺錢，本質上我們都採用同一種方式來賺錢，叫做**用某種方式出售自己的時間**。你仔細思考一下，這樣的說法是對還是不對？你說當員工肯定是賣自己的時間給某家公司老闆，業務員也是，他通過開發客戶，然後把他的時間賣給客戶，其實創業家本身也是如此的。看到這邊，我想問你一個很重要的問題，既然我們都是在賣時間的商人，你會想要讓你的單位時間（比如說一小時），你會想讓你每小時能夠產生的錢是維持原狀就好，還是希望有機會可以更高一點？如果答案是希望更高一點的話，那我們來聊一下讓自己時薪變高的 3 種方式。

1 提升自身的條件

提升自己的某個條件，讓自己的單位小時可以在原本的行業更值錢。舉個小故事說明一下，我有個好朋友他姓楊，這位姓楊的朋友他是一名專教安親班的舞蹈老師，教小朋友唱唱跳跳。他教得非常好，家長也很喜歡他，學生也很愛戴他，但是有一次他發現他的同事，跟他一樣每個小時在舞蹈教室裡面教舞，他自己的時薪是一小時兩百五十塊，可是他的同事一小時教舞卻是五百塊，硬生生比他多出一倍。

然後他就去問他的老闆說：「請問老闆，為什麼我跟另外一個同事一樣都花一小時在那邊教舞，可是他的時薪卻比我多一倍？」老闆跟他講：「不好意思，楊老師，因為我們這間舞蹈補習班，是按照學歷去衡量一個人的時薪。也就是如果學歷是大學以下的就是時薪兩百五，大學以上的話時薪就五百，但如果你有碩士或是博士的學歷，可能就更高。」他聽了之後，雖然內心還是覺得不舒服，但是也沒有跟老闆翻臉，因為翻臉也沒有必要，當下就會丟了這份工作，何苦呢？所以他就開始縮衣、節食、存錢，存錢是為什麼？存錢是為了有一天可以大膽的跟老闆提離職。然後他後來就去念臺灣藝術大學，修到一個大學畢業的學歷之後，再出來教舞蹈，此時他的時薪怎麼樣？一下子就翻倍了。好，所以我覺得在今天這個小節結束之後每個人都有一個很好的思考題，就是在你所處的行業中，你

覺得該增加哪些條件或籌碼可以讓你的單位小時更值錢？但不同的行業是不一樣的，比如以我剛剛所說的那個例了，舞蹈老師他可能在安親班裡來說就是要提升自己的學歷，但不同的行業不一樣，有些人可能要考個證照或是參加某個比賽，anyway，這些都值得你去思考。

② 學會一個新技能

　　學習一個新的賺錢技能，讓你自己的單位小時更值錢。一樣舉個故事，我有個好朋友叫 Gaby，他是一個非常好的理髮師，我之前頭髮都是請他幫我剪的。有一陣子我去找他剪頭髮的時候，他就說：「威廉老師不好意思，最近沒空幫你剪」我說：「怎麼了？你為什麼最近沒空幫我剪頭髮？」他說：「因為最近在進修」我聽了就很好奇，你在進修上課，我是你的客戶又是你的好朋友，我這麼多好的課程你都不來上我的課，結果跑去上別人課。於是，我就問：「你在上什麼課呢？」他說：「威廉老師，不好意思，我去進修的是紋繡課。」了解嗎？於是我追問：「你為什麼會想要去上紋繡課呢？」他說：「因為我發現我過去幫人家剪頭髮我可能一個小時才收個五六百塊，幾百塊而已，可是我發現別人一樣是幫人家處理毛的問題（他自己是處理頭髮、頭毛，眉毛就是另外一種毛。）紋繡師 1 小時可以賺到五千甚至八千以上，這樣換算下來，紋繡師的單位報酬等於是他十倍的報酬，所以他覺得他如果一輩子只

有一個技能，就是剪頭髮，那他的時薪永遠就是五百塊到六百塊、七百塊頂多如此。但是如果他多掌握一個新技能，就是紋繡的技能，就有機會時薪變成五千、八千，甚至一萬都有可能。好，所以你也可以思考一下：你有沒有機會學習一個新的技能讓自己的單位小時更值錢？

③ 重複販售時間

好，接著我們來聊一件事情，就是讓自己的時間可以被重複的販售許多次。我們大部分人的賺錢方式是單位一次的時間只可以被賣一次，比如說你上班一個月領了一次的薪水，也許三萬塊，那你的時間就被賣掉這一次，你可不可以下一個月的時候跟老闆主張說：「老闆，因為我現在很需要錢，所以麻煩你再發第二次上個月的薪水給我？」答案是不可能。那就好像接案者，比如不管是Foodpanda、Uber Eats或者是計程車司機，他們開一趟車或者送一次外賣是賺一次性的報酬，他們可不可以因為這一次的勞動去賺第二次，甚至是第三次的錢？答案是不可能。好，那有沒有什麼方法可以讓自己的單位時間被賣更多次呢？舉個例子，有個女人她非常有錢，聽說她比英國女皇還更有錢，這個英國女人是誰？就是 J.K.羅琳。你可能聽過她寫的曠世鉅作——《哈利波特》，對不對？你看她寫那本書實際上花了一大筆的時間投入去做創作，可是一旦她寫出來就可以把這本書重複的賣很多很多次，在全球非常暢銷，這樣不就

等於她把她的時間拿來被重複的賣了很多次？當然你可以去思考一下你最適合哪一種方式，有些人是適合去考個學歷、考個證照，讓自己的時薪更值錢，有些人可能適合學個新技能，你也可以思考你適合學什麼技能。就像我一樣，我常會去思考怎麼樣讓我的時間可以被重複的販售很多次。

好，我們現在就來聊，有沒有一種能力是可以創造高時薪，讓自己的單位小時可以被賣很多很多次，而且重點是這個能力大部分人都能做到？你知道有些能力就算可以獲得高時薪，比如律師，律師時薪也很高，可是考到律師執照很難，對不對？像 J.K.羅琳做個暢銷書作家，她也可以把時間重複地販售，可是我們不得不面對現實，這樣的能力很難，並不是人人都可以掌握的。但有沒有一種能力是大部分的人只要通過苦練，**他不需要有很高的天賦、天資，就能夠創造高時薪**，而且是把時間重複地販賣出去呢？當然是有的，這份工作就是**銷售文案寫手**。為什麼我要跟你說銷售文案寫手是個高時薪的工作呢？它跟一般的文案寫手是有點不一樣。舉個例子，一般如果你可能在某家公司當臉書的小編或者是編輯，你的時薪可能是固定 1 小時 180、200 塊或更高，都有可能。但無論如何它只是固定的數字，想非常高，也不是那麼容易。除非你可能在廣告公司當個copywriter，就是文案創作者或者是創意總監，那是有可能領到高薪的。

但是再高也有個極限，而銷售文案寫手卻是個完全不一樣

的概念，為什麼？因為銷售文案寫手的收入是跟銷售成績成正比，也就是他的收入跟銷售成績是掛鉤的。舉個例子，假設我手上有一個琉璃，很漂亮的狗狗琉璃，這個琉璃售價是 1 萬塊，老闆跟我約定說，我幫他寫文案，用我的文案每賣掉一個琉璃，他就分我 2000 塊。你想想看，如果說我花了兩個小時創作一個賣琉璃的文案，若賣掉 10 個，我就有 10 個 2000 塊，一下子就多了 2 萬塊的收入，如果賣掉 100 個，我就有 20 萬，這樣可以理解嗎？我確實只用了兩個小時去創作一份文案，卻可以一直有收入，累積起來是個不小的數目。所以銷售文案寫手是一份高時薪的工作。

接下來我們來討論一下，為什麼說銷售文案寫手是一個時間可以被重複賣出的工作呢？以剛剛我們講的例子來說，如果我今天花了兩個小時創作，寫一個賣琉璃的文案，這是我在今年創作所花的時間。到了明年，如果我並沒有再花一次時間去創作這個文案，可是這個文案還是持續在網路上做販售，而我跟琉璃店老闆的合作也持續有效，有沒有可能在明年繼續幫我賣出 100 個呢？這是有可能的。所以當它持續賣的時候，我就持續有收入進來，這就是一個銷售文案寫手時間可以持續被賣出的原因。聽完之後你有沒有覺得銷售文案寫手是個超值得做的工作，對不對？好，歡迎你加入我們的行列。

學好文案，可以活得更自由

　　好，我們來聊這件事情，學好文案可以幫助你怎麼樣？活得更自由，而自由的等級跟販賣時間的捆綁程度成反比。也就是你身上被捆綁越多的繩子，你就越不自由。想像一下，如果你左手綁一個繩子，右手綁一個繩子，脖子上可能還套一個繩子，然後兩隻腳被套住，你被五花大綁，是不是非常的不自由？一般人來說通常會被綁在三件事情，第一就是何時工作，時間的因素，第二個是地點的因素，第三就是工作的內容，你是否可以決定它是不是一個讓你快樂的工作內容。

不需為了錢出售時間

工作時感到快樂

少量工作時間

可自由選擇工作時間和地點

可自由選擇工作時間

無法決定工作時間和地點

　　如上圖，**自由等級度**我們把它分成六個等級：

31

1 無法決定工作時間和地點

　　第一個等級也就是最低的等級，是金字塔的最底層，無法決定何時工作和任何地點工作，還有工作時快樂不快樂。舉例來說，像洗碗工（我這裡無意冒犯，如果你認識或者你的好朋友，你的家人或者你自己就是洗碗工，請不要介意，我並不是要批評這份工作）他可以決定在何時工作嗎？比如他跟老闆說，老闆我可不可以凌晨2點工作到早上10點，工作8個小時為你洗碗？老闆肯定說不行，我就是需要你白天就開始工作，可能下午就要洗完中午的碗盤，8點就要洗完晚上的碗盤。了解嗎？你的時間是別人決定的，就不自由。在哪裡工作？你可能會跟老闆主張說，老闆我可以把碗帶回家洗。老闆說不行，你必須在餐廳這邊就要把碗盤給洗完。他就說，老闆我可不可以一邊聽著音樂，一邊坐在椅上洗，因為我覺得這樣比較快樂一點。老闆說你太囉嗦，你乾脆不要做，我找別人好了，你就是要幫我把工作完成，還管你說怎麼樣工作快樂一點，這是最低等級，無法決定何時何地工作跟快樂不快樂。

2 可自由選擇工作時間

　　自由等級二稍微好一點，就是可以決定何時工作。比如說有些人接案子，像我當初一樣，我是接網站設計案的Soho族，一旦我接了你的案子，比如說我們之間有個約定，我幫你做好一個網站，我可能跟你收個5萬塊，接完這個案子之後我要在

哪、何時工作，比如我要在早上 9 點工作到下午 6 點，還是我要從晚上 12 點工作到早上 8 點，就不關你的事，對不對？所以我可以決定何時工作，這樣就稍微自由一點了。

③ 可自由選擇工作時間和地點

自由等級三是除了可以選擇在何時工作外，還可以決定在何地工作。比如說我如果在臺北接案子，雖然我可以決定何時工作，但因客戶在臺北，我可能要常跟客戶見面，所以臺北成為我主要的活動或者居住的範圍，這樣了解嗎？我大致上還是要以臺北工作為主，但我可以偶爾開小差去宜蘭度假。如果你能夠決定在何地工作，自由度就更高了，比如說有些人他可能是代操操盤者，他的工作不管是股票代操或者廣告代操，他基本上是跟客戶完全不用見面的，連開發討論都不用，他完全是網路化。就像我有個朋友是做線上營養師，通過網路幫客戶來做營養諮詢，他完全不用跟客戶碰面，可以自行決定在何地工作。順便跟大家提一個很有趣的概念，在收入為固定的情況之下，你生活城市的**物價指數會決定你的生活品質**。你活在一個物價越高的城市，生活品質就越低；如果活在一個物價指數越低的地方，你的生活品質就越高。

好，大家可以想像，如果一個月入 5 萬塊的男生，單身、未婚、沒有小孩，到底 5 萬塊的生活品質是普通還是很好，或是很差？這個你可以去思考一下，看他住在哪裡，如果住在高

雄，他這樣生活可能可以過得很快樂；住在臺北可能就是一般般；但如果住在香港，可能就是有點小悲慘，因為香港的物價指數就比臺北還高上很多。這樣理解我意思嗎？這邊也可以做一個思考題，如果有一天你可以在工作收入不變的情況之下，你會想住哪個城市？這個問題蠻值得你思考的，比如說你現在也許是住在臺北或是任何城市，這是因為你可能有一份工作，綁住你非要在這個地點生活。如果有一天你獲得一個新的技能，你可以賺到現在的收入，甚至比現在收入更好，而且它不會規範你一定要住在哪個城市，你要住地球上任何一個城市都可以，你會想要住在哪個城市呢？你可以將你的答案寫進空白頁裡，去做這個夢想，說不定這個夢想有一天就實現了，我就是這樣子實現了很多夢想。

4 少量工作時間

好，接下來我們講自由等級四，叫做——可以花很少的時間去做工作。能夠決定何時何地工作已經很好，如果你可以一天工作不用 8 小時，而是 6 小時、4 小時，甚至一天工作兩個小時就賺到你所需要的收入，這樣是不是非常棒？這樣的好事可以發生嗎？可以。我已經發生了，歡迎跟上來好嗎？我會跟你講怎麼做到的。

5 工作時感到快樂

　　第五個等級就是可以做到讓自己感到快樂的工作。像我本身目前來說是做教育工作者，講課我很開心，我發自內心的感到快樂，或許從我的文字裡，你會發現我是真心喜歡跟你分享我的知識，而第五個等級是少數人能達到的位階。

６ 不需為了錢出售時間

　　第六個等級就是**完全不需要為了錢而出售時間**，大概有點類似巴菲特那種境界你知道嗎？巴菲特有一次被採訪的時候說，他覺得研究投資對他來說就是最快樂的一件事情，哪怕這件事情沒有錢賺，他都願意去做，而且甘願做一輩子，做到老都沒有問題。巴菲特沒有必要為錢出售自己的時間，可是他依然願意這樣做，感到非常快樂，我想這個應該是最高等級的自由。

　　你看這個金字塔也可以思考一下，如果自由有這樣的等級量表，你目前處於在第幾個等級的自由人？你是第一級、第二級，還是第三級？還是你來到第六級呢？我想再問你一個很有趣的問題，但是這個問題沒有標準答案，每個答案是不一樣的。你覺得活得更自由這件事情對你而言是重要的嗎？就像當年國父孫中山先生他覺得為了爭取自由，就算拋頭顱灑熱血，就算背上賣國賊的名號，有可能被處上死刑的風險，他都覺得一定要爭取自己的自由。我想對大部分的人來說自由都很重

要，如果你拿著我現在問你的問題，你去問身邊 100 個朋友，重要程度由小到大為 1～10 分，你覺得大部分的人會打幾分以上？我想絕大多數都會回答 7 分、8 分，甚至 9 分的自由。想再問你一個問題，你再看一下自由的金字塔量表，你覺得大部分的人是第幾級的自由程度？你覺得是大部分活在第一級，還是第二級，還是第三級？可以好好思考一下。就我的觀察，我覺得大部分的人都在第一級，你同意嗎？也許你會跟我有一樣的觀察跟發現，大部分人雖然都很渴望自由，也很重視自由，可是絕大多數人都在第一級。我看地球上如果有 100 個人口，大概有 95% 都活在第一個等級，大概只有不到百分之五的人可以活到第二等級，就是可以決定在何時工作，不管大概是 95% 比 5%，或者是 9 成比 1 成，具體的比例不重要，反正你不得不承認大多數都是活在第一個等級。

為什麼會這樣子？你會不會覺得很有趣、很吊詭？如果大家都重視自由，應該大部分的人都活得蠻自由或者有中等程度的自由，但為什麼結果會是這麼的可悲？絕大多數都活在最低的等級，就像食物鏈的底層，金字塔的最底層階級。原因有很多，今天我可以告訴你的原因之一就是絕大多數的人他們對於自由的追求程度只是嘴巴說說而已。就是他嘴巴上說他很重視，但其實他內心並沒有真的很重視。比如說你有沒有看過一種人就是他嘴巴上常說他想要減肥，但是你叫他去運動，他說：「我不會，沒有辦法運動，我運動就頭暈」。你說：「要

不然你控制飲食，他說我沒有辦法控制飲食，看到美食就想吃」。我問你一件事情，這個人內心的價值觀排序到底是美食重要、舒適重要還是減肥有好身材重要？答案是減肥擁有好身材雖然重要，可是卻排在很後面的排序，了解嗎？美食、舒適反而更重要。但是如果一個人把減肥控制維持良好的身材列為第一重要，其他事情都是次要、再次要的，請問他會不會瘦下來？肯定是會的。所以大部分人都是對於自由這種事情有一點點的渴望，但並不是真心想追求。

如果自由是輕鬆能夠獲得到，你願意宅配到我府上，那「自由」這個包裹我就願意簽收。你了解我的意思嗎？但是如果要很辛苦，要爬山越嶺才能夠獲得自由的話，他可能會說：「算了，我還是不要想那麼多，乖乖上班，被老闆奴役也沒什麼不好。」就像你看有些人他單身很久說：「我好想談戀愛」，比如女生他很想找一個好的老公，一個很暖的男生，可是你叫她去參加聯誼活動，她說：「不要，那很尷尬，不想出門。」諸如此類，就是藉口理由一堆。

當然我不知道你是一個什麼樣的人，我相信正在看本書的人也有兩種，一個是真的重視自由，而且也會採取行動的人，但我覺得這種人是少數，大部分就是重視自由的人，但重視程度還好而已，就是嘴巴說有七八分、八九分甚至十分，可是真讓他付出行動，他的行動力大概只有一兩分，代表他的內心的真實價值觀，就是對於自由追求程度只有一兩分。我跟你講一

個事實，也希望你不要介意，你到底可以活得多自由關係到一件事情，不是你嘴巴上說你有多重視、多想要，就會得到。你會得到的永遠不是你嘴巴說出來的東西，你會得到的是你發自內心真正想要的程度。如果你發自內心追求的程度就是七八分，你會得到七八分的自由程度。就像我，現在為什麼可以活的比地球上 95%的人都自由？因為我重視自由程度就是這麼高，那是發自內心的。但是如果只是嘴巴上講我很重視，但實際上內心並不是這麼重視，我得到的結果就跟大部分人一樣，就是當個上班族，做自己不開心的事情，必須在指定的時間、指定地點去做那些不快樂的工作，你了解我意思嗎？

繼續往下聊之前，想再花你一點點小時間介紹一下我自己，我是若水學院的創辦人，現在大部分人都是叫威廉導師。寫過兩本書，都有登上暢銷書排行榜，一本就是《完全網銷手冊》。我透過網友賣出過各式各樣的東西，包含我賣過保養品，賣過軟體課程書、炒菜鍋……，都賣得還

不錯。賣保養品就大概賣出超過 200 多種品項，有一年居然可以透過文案賣減肥產品，業績達到上千萬，這樣的成績也還算不錯，對不對？而且減肥產品，我不知道你有沒有聽說過其實它的利潤還蠻高的，毛利差不多有 7 成左右。還有，我通過文案進入直銷這個行業，通過一些操作的方式，讓我在很短的時

間，差不多半年，下線就超過 1 萬人，9 個月我的下線變成 2 萬人。經營一段時間之後，印象中我最後一次登錄我的後臺還能看到人數的時候，差不多有 8 萬多了，也曾經有過一年的年收入上千萬的一個紀錄，所以我相信我是一個極少數通過文案創造出一些收入成績的人。但這不是要炫耀說我有多厲害，因為我有多厲害並不重要，重要的是我可以幫助你變得很厲害。

▲終極文案課

3 因為文案，收入翻倍的 5 個策略

　　本小節主要會為你提供 5 個怎麼讓你因為文案，收入變好的策略，而且每個策略我幾乎都會提供給你具體的 SOP 跟成功關鍵讓你知道。

　　策略 A：找個好商品自己做買賣。

　　策略 B：幫人寫文案導客或者是轉單。

　　策略 C：運用文案力做聯盟行銷。

　　策略 D：上網接專案，偶爾賺外快。

　　策略 E：業務懂文案，業績 N 倍長。

　　這個是本小節要帶給大家的幾個策略。好，首先我們來到策略 A，策略 A 就是找個好商品自己做買賣，我這邊提供 4 個 SOP，你只要按照這樣的流程做下去就對了。

 ## 策略 A：找個好商品自己做買賣

1 找利潤不錯的產品

　　首先第一個步驟就是你要找到某個利潤不錯的產品，那利

潤多少叫做利潤不錯呢？跟你分享一下我的經驗，我會建議你如果可以的話盡量找到利潤 50% 的產品。好，什麼叫 50%？我來舉例一下，假如說你今天找到一個產品，售價大概是 1000 塊的話，那你的進貨價格大概會落在 500 塊左右，這樣就是 50%。也許你會說：「老師，50% 很高，有很多產品達不到這樣的標準，有些產品，它就只有百分之十幾或百分之二十幾的利潤」那我給你的建議是利潤太低的，你就乾脆不要做好了。畢竟，天底下的產品千百萬種，你幹嘛非要去找利潤那麼低的產品做對不對？那些利潤比較低的產品呢，別人想要做那就給別人做就好了啊。

如果可以的話，我會建議你找利潤不錯的，就像我剛說的，如果可以的話，最好有 50%。最低的情況之下，最好也不要低過 30%，因為你要知道做一個生意會有很多附帶的其他成本，比如說廣告或者是包裝、人工客服等，那些都是它會產生的成本。當然你說老師，薄利多銷不是也不錯嗎？我要跟你講一個實話，薄利多銷是大企業在做的事情，就是像家樂福、沃爾瑪在做的事情。如果你是小商家，我建議你，千萬不要幹薄利多銷的事情，那其實不是一般人能做的。

❷ 寫一篇商品文案

好，接著你要做的事情就是寫一篇商品文案。你要記得將**商品的標題、特色、功能、規格、好處**等通通都要寫好，要寫

得很吸引人，才能進行下一步。

③ 製作銷售頁

接著第三個步驟就是把這個文案變成一個銷售頁，英文叫做（Landing page），又叫著陸頁，銷售頁怎麼做？有一些比較簡單的方式，比如說你可以用 Weebly 或者 Wordpress，或是 1shop 也可以。你甚至不一定要懂程式代碼，你只要會懂組合這些工具，你就能做出銷售頁，那如果你有興趣你也有摸索的精神的話，可以自己研究。但是如果你懶得研究的話，你可以上網搜尋我們若水學院，我們有在開這一類的課程，教你怎麼樣做銷售頁，這樣就可以省下你自己摸索的寶貴時間，成本也不高。

銷售頁
課程

④ 寫一篇廣告文案

好，最後第四個步驟就是寫一篇廣告文案。只要透過這篇文案引來持續的流量，錢就會一直流進來。概念說起來是很簡單的，真的執行起來其實沒那麼的簡單，因為每一個步驟都有它的技術成分在裡面。

什麼樣的人會適合策略 A 呢？我覺得策略 A 會比較適合有賺大錢的企圖心的人，因為策略 A，在我看來是許多策略當中

能夠賺到最多的錢的，大概是前兩名左右。所以如果你是雄心壯志，想要建立你的事業帝國，想要賺大錢的，我就會推薦你選選策略 A。還有，策略 A 適合那種不怕麻煩的人，為什麼呢？你想想看，因為現在你還要找產品，要跟人家幹旋、與人交涉，還要去簽合約，你說這些事情是不是有一點麻煩？好啦，但是這些麻煩背後也是有一個它值得的報酬，你不妨思考一下，一旦你的銷售頁產生了訂單的時候，它是不是可能要你自己或者是你請的員工去處理這些訂單，也就是說你還得請一個客服或是親自處理。這事情都是有點麻煩，所以我才說策略 A 比較適合不怕麻煩的人。還有就是你要想辦法在初期投入比較多的時間，但是後續的回報或許會比較大。

那我們現在來討論一個真實的案例。我曾經找到某個產品，進貨成本大概是 30%，加上包裝運費人工成本差不多大概是 50%。我售價差不多是 1500 塊，也就是每賣出一個毛利就是 750 塊。生意好的時候，一天的平均訂單量大概 20 筆訂單左右，所以大家也可以算一下，20×750 等於多少？等於日收 15000 元，而這個是還沒有扣除掉廣告費支出的情況。但是扣一扣的話，假設一天廣告費的支出大概是 5000 塊左右，所以一天實際上淨賺差不多一萬塊，這樣我一個月的淨收入，也有大概 30 萬以上，這樣是不是還不錯？

還沒完喔，更棒的事情還在後面，最爽的是什麼事情你知道嗎？就是當系統架構好之後，我幾乎就沒事幹了。因為我前

面這些事情，包含一開始我要找到一個理想的的產品，規劃好包裝、寄送流程，甚至回答問題的SOP我都把它設計好，我還請了一個客服小幫手去幫我回答客戶的問題。那還有寫廣告文案，商品文案這些我都做好了一次的工，所以這些就我把它統稱叫做系統。系統架構好之後，我就幾乎沒事做了，一個月都賺30萬以上。

那我必須跟大家講，30萬其實也不能說是個非常的高非常了不起的收入，因為還可以做很多事也都能月入 30 萬以上甚至更多，對不對？比如說你去做一般的業務或者創業開公司，或者是做直銷，其實很多事情都可以月入 30 萬。可是我覺得最爽的是什麼？最爽的是，我不用到處去拜訪客戶。

其實我的個性真的很不愛見人，我的人生原則就是能少見一個人就少見一個人。因為我是一個比較宅的人，喜歡窩在家裡面，沉浸在自己的小世界裡面做一些比如看書、聽音樂，看電影、玩遊戲之類的，但我覺得很多工作，只要你想要賺到錢，必須就要一直見人，有沒有？我想正在看本書的你，應該知道我想表達的意思，而我這樣賺錢的方式，不用到處去拜訪誰或者也不用回答誰很多很多的問題，因為問題的事情你就交給客服去回答。我也不用一直輔導誰，因為我除了只要一開始輔導員工，教他怎麼幫我去處理訂單跟怎麼去回答客戶的問題之後，等他上手，我就不用再去輔導他了，這種生活就是每天就睡到自然醒，然後每天玩 GAME 玩到手抽筋。

所以我覺得策略A是一個非常迷人的發展路線。好，那麼你會想知道我成功的關鍵是什麼嗎？好，我就跟你講，成功的關鍵就是我文案寫的非常好！我常覺得文案這個能力就有點像一塊會吸錢的磁鐵一樣，當我擁有這塊磁鐵的時候，錢就會一直從四面八方，從全世界不同的城市被我聚集過來。這也是為什麼我喜歡教文案的地方。

現在我們再來看一下剛剛的流程，剛剛是不是說到找到某個利潤不錯的產品，然後利潤最好有 30%以上，越高是越理想，接著再寫一個商品文案，把文案變成一個銷售頁，那剩下的流程我就不重複講了。你可以思考一下，這五個流程當中有哪些是可以外包或者請員工幫你做的？有哪些事情是最好你自己做，或者也可以交給別人幫你做。但是你最好是自己要很懂的？關於這個問題，每個人答案都是不一樣的，但是我來跟你分享一下，如果要我來為這個事情給它排個順序的話，我覺得作為一個老闆，作為一個事業的掌舵者，最重要的是**寫商品文案跟廣告文案的能力**。第二順位才是**創造流量的能力**。第三順位，是**找產品的能力**。當然這三個能力你都可以自己有，全部自己要一手包，全部自己做也是 ok 的。

萬一如果真的有什麼東西，你要委託給員工做或者外包給別人做，說實在的我會跟你講直白一點，就是**寫文案這個東西，盡量不要外包給別人做，或者叫你的員工做**。為什麼？因為我也認識很多老闆跟企業，發現很多很賺錢的企業他們都有

共通點，他們公司的文案大多是老闆自己寫，其他事情可以叫員工做沒關係，但是就是文案這些事情老闆親自跳下去做。要不然就是老闆雖然叫別人做，可是老闆本身非常，他很懂文案，是個文案的策略高手。

不過，我卻發現很多人不是這麼做，為什麼？因為對很多老闆來說，他會覺得文案很燒腦，他會覺得我本身又不是文案方面的專業，這個既不是我擅長的事情，也不是我有興趣的事情，還是叫別人做比較好，因為我不想去為了這個事情而燒我的腦。可是你猜猜看，如果你是老闆，你沒有很懂文案，你覺得你的員工通常會是怎麼樣的一個人呢？答案是他們通常也不怎麼懂文案，對不對？好啦，因為員工學習的對象往往是他的老闆，所以如果連老闆自己都不是很懂，那請問怎麼教員工呢？你可以說那我可以派員工出去學去外面進修，但你再想想看一件事情，員工被你派出去學，比如去外面上課學文案，你覺得他真的能夠有多認真學習嗎？

讓我們面對一個現實吧，說穿了，你的生意就是你的生意，又不是他的生意對不對？他再怎麼認真學習文案，把文案寫得在好，賺錢的人也是你，所以你派他出去學習，很多學生上課不是在滑手機就在打瞌睡，所以我跟你講你就認命吧，不要再抱持著天真的想法，想說我派員工去學習，然後他會很認真學習，學回來之後還會來幫我認真的寫文案。我跟你講這個機率我不能說一定不會實現，但是你不能指望這事情一定會被

實現，很多事情都可以派員工去學，這樣做很好，沒有錯！但我個人認為唯獨文案是例外。

而且請你再去思考一個問題，他今天之所以還是你的員工，簡單來說就是他的能力綜合起來是低於你的，如果他的文案能力真的比你強，你覺得他為什麼不乾脆自己找個產品，自己寫文案就自己創業去？你要知道，今天在商場上，資訊太透明了，絕大多數的產品，都不難找到背後的供應商，對不對？所以老闆要繼續安坐在位置上不被推翻，其實關鍵不是老闆手上握有很厲害的產品，而是老闆手上握有能把產品賣出去的一種機制，也可以說是銷售的系統，而文案就是組成這一整套系統所使用的材料。

你想想看，如果你員工文案真的很厲害，他自己去找到某個產品，假如說產品不差，他文案也寫的不錯，利潤也不差的情況之下，他透過這樣子的方法去賺錢，怎麼樣也好過在你這邊領薪水好，對不對？所以我常常看到有些老闆很天真，他就覺得說寫文案好傷腦筋，那不是我的強項，也不是我感興趣的事情，我感興趣的事情可能是跟人交際跟人應酬什麼的，所以文案這種事情還是交給員工去做了。你覺得當你是這樣子的老闆心態時，你的員工去做這個事情的時候心態又會是怎麼想？會不會他想的也跟你一樣，覺得文案很傷腦筋，文案這件事情也不是我的強項，也不是我感興趣的事情，我感興趣的是一些別的事情，例如上網購物或追劇等，這一類的事情，所以文案

這種事情我還是隨便寫一寫能交差就好啦～反正老闆文案能力也不強，寫的好不好他也挑不出毛病。就算老闆隱約覺得有毛病，但我只要跟老闆說我已經盡力了，這是我最好的表現了，老闆要如何去要求我寫好文案的更好，其實也不知道從何要求起，對嗎？

有些老闆還會想說：我可不可以一開始就找一個文案能力不錯的員工？問題是……這其實有個弔詭的現象，當你自己的文案能力都不好的時候，請問你到底怎麼鑑別出一個員工他的文案能力好不好？你想一下，會發現答案是你根本鑑定不出來，就算你以為你有辦法鑑定，其實那也是一種幻覺。因為要鑑定文案寫的好不好，它本身就是一種專業的文案技術，而非一般人的常識，就跟珠寶鑑定或品酒一樣，這些都是有專業的喔！你想想看，如果你要開珠寶店，你自己一定要有當然是鑑定珠寶的能力。同理可證，如果你賣酒，你也要有能力辨別、品嚐的出來什麼是好的酒，對不對？你去想一件事情，如果有一個你的朋友跟你說他想要開珠寶店，但是他都不懂得鑑定珠寶的真偽；他想要做酒的生意，自己卻喝不出好酒跟壞酒的差別，但是他卻指望請一個員工來，就能鑑定珠寶、鑑定酒，搞定這一切，你會不會覺得這朋友的想法很荒謬？

就算你真的運氣好，請到一個文案能力好的人，那你覺得他又為何要在你這邊發揮他的能力呢？其實也不見得，你要知道，文案要認真寫好，你覺得燒不燒腦？其實還挺燒腦的，對

不對？所以當一個文案高手發現他這個老闆文案能力不強的時候，有沒有可能他上班的時候就摸魚打混時間糊弄你他的老闆，節省他的腦力，下班後再自己去接案子，也只是剛剛好而已，這也很正常喔。

策略 B：幫人寫文案導客或者是轉單

接著，我們再來談談策略 B，就是幫人家寫文案，你可以導客或者是轉單。這個流程是這樣的，你找到某個有潛力的產品或者是服務，接著寫個說帖，什麼是說帖？我替說帖做一個描述好了，說帖，就是像一封 Email 當中，有一個 Email 的標題跟內文，結尾說：「我已經把合作的提案，放在附件裡面了。」這個 Email 的內文跟附件我們就稱之為說帖。接著再撰寫一個合作提案，合作提案可以是 PDF 檔或者是 PPT 檔都可以。

最後你還要再附上第二個檔案，那就是合約，流程是這樣，你看完說帖引導他去看提案，看完提案就是引導他簽合約，接著再幫他把原本過去的商品文案寫一篇更好的文案。也許你們會想說他原本就有一個文案了，為什麼還要幫他寫一個？跟你講一個好消息，因為其實大部分的公司他們原本的文案都不是很理想，所以如果你能夠幫這些原本文案寫的不是很好的公司，寫一份更好的文案。然後再幫他把寫好的新文案變成一個銷售網頁，如 Weebiy、1shop 或者 wordpress 上，接著後

續流程就一樣，再寫一篇廣告文案，然後再搞搞流量，錢就會一直來。

你說這跟剛剛第一個策略有什麼不太一樣？有啊，策略A是**你自己收錢，自己發貨**；策略B是你**把訂單號引導到某個網頁**，產生買家的時候，如果以實體產品來說，就是**把訂單交給對方去寄貨，這個我們把它稱之為轉單**。好，那如果是無形的商品呢？像是服務，比如說是課程、說明會或是面談服務，也就是引導人去參加別人的說明會，或者是諮詢講座或課程或是一對一面談。最後如果有成交再分錢給你就好。那**這適合什麼人？這適合野心沒有很大，也沒有一定要賺到很多的錢，你比較怕麻煩，也不希望在初期投比較多的時間，也是比較重視自由的人**，我想這是很公平的。

相對來說，如果你選的是策略A，那麼絕大多數的商業系統在打造一開始的基礎的時候都是要花比較多的時間。反過來說，當你選的是策略B的時候，雖然看似因為你把導客到別人那邊的時候，相對的利潤會比較少，這是因為大部分的利潤會發生在別人那邊，但好處是你可以很省事，而且你也可以思考一個點，如果你透過策略B這個模式跟很多個對象合作，其實加起來也是賺一筆不少的錢，對吧？

 ## 策略C：運用文案力做聯盟行銷

接下來我們來講策略C，策略C就是運用文案力來經營聯盟行銷，執行的步驟如下：

- 註冊聯盟行銷平臺：步驟一，就是註冊好聯盟行銷平臺，好，你可以去註冊像在聯盟網、通路王或是國外的聯盟行銷這一類的。
- 接著每天要做的事情就是登錄，選商品、找素材圖片，撰寫宣傳的文案，再搭配專屬的宣傳連結就可以了。通常像這些聯盟行銷平臺，它都會給你一個專屬的網址，只要透過你的網址去導流量進來，產生購買或者是留名單的行為，這樣就會有錢入帳了。

好，請記得這個文案要有**一對多口吻跟一對一的口吻**，我解釋一下，一對多的文案是拿來PO公開貼文、FB社團、LINE群組或部落格用的，一對一則是私訊聊天用的。你每天寫出這種一對多的貼文接著就是到處貼貼貼就可以了。這種策略適合什麼人呢？**適合那種不一定要賺到很多的錢，又怕麻煩，而且沒有什麼時間的人，或時間比較零碎的人。**

我分析一下策略C的好處是你不用一開始就挪出很多的時間，你有多少時間就做多少事情，非常的彈性。策略C成功的

關鍵是什麼呢？以下三個條件，你只要做對其中一個就好了，如果做對多個更好：

- 有廣大而且黏著度高的粉絲，就像威廉導師一樣，我有很多的粉絲，他們每天都會來逛我的臉書、粉絲頁，或者逛YouTube頻道。
- 有一個高流量的網站，比如說你有個部落格，每天有很多人會去逛那個部落格，這樣也可以。
- 你很懂得流量的技術，但是你沒有粉絲，也沒有網站，沒有關係，只要能夠下廣告，引導人家去點聯盟行銷的連結這樣就可以了。

　　以上這三個你不用全部都會，這是好消息，但是你至少要會其中一個吧，你只要會其中一個就可以透過聯盟管道去賺到錢了。那這樣到底是可以賺多少錢呢？我想這應該你比較關心這一點，對不對？好啦，那我給你看一個數據報告好了。

　　以下（下一頁）是聯盟網他們寄給我的排行榜。你可以看到上面這是月獎金喔！不是一年。他每一個月都會有排行榜，你可以看到在聯盟網上面就是一個月最高來到多少？來到48萬7千元，有沒有很厲害？

Affiliates
com.tw 聯盟網

1月份獎金開放請款 & 會員推廣排行榜

您好，1月份獎金已開放請款囉！ 請於 2/23 中午12:00前至【款項管理】→【獎金紀錄】請款，款項將於3/5撥款。(由於本月因年假及228假期影響，壓縮作業時程，本月款項將延至3/5發放，造成您的不便，敬請見諒。)

1月會員推廣排行榜

1月份會員推廣排行榜出爐，進榜會員請繼續保持佳績，未進榜也別氣餒！有任何商品及推廣問題，請聯繫您的聯盟專員，期待您接下來的表現。

許多站長第一次請款都是透過參與寫文活動並透過活動中的連結賺取分潤，我們一直都會有寫文活動的資訊讓您，各位站長歡迎踴躍報名。

Super Affiliates超級站長		
排名	會員	獎金
1	spk***	$ 487,250
2	tft***	$ 385,052
3	cyh***	$ 381,450
4	cfw***	$ 277,712
5	hyc***	$ 126,995
6	phc***	$ 108,350
7	cwc***	$ 106,202
8	yhh***	$ 92,160
9	fcc***	$ 64,170
10	plz***	$ 63,810

新進會員推廣排名獎金		
排名	會員	獎金
1	rcp***	$23,395
2	wly***	$10,001
3	cwc***	$9,207
4	ww****	$9,257
5	wrs***	$3,577
6	kmc***	$2,594
7	lih***	$ 2,440
8	ycl***	$1,511
9	cll***	$1,400
10	yhl***	$1,295

你看一下人家沒有自己的公司，也不是賣自己的產品，他只是透過聯盟網，專門推薦別人的產品，這樣一個月可以賺48萬，這完全不輸很多中小企業主或者是高階主管或總經理的薪水，對不對？當然我也必須跟你講一件事，並不是每個人做聯盟行銷，收入都這麼高，我們可以看一下這個報告第十名一個月是 6 萬多，其實也還是不錯。也許你會想說：「我做得到嗎？」其實你想一下，就算你做不到48萬或者是你也做不到6

萬塊，但是如果你能夠透過這種很彈性的、零碎的時間，每天花個一兩個小時，利用等車或者等上菜、排隊的時間，滑滑手機就能夠賺錢，這難道不是一件很棒的事情嗎？除非你不缺錢，否則總比把時間拿來玩遊戲、追劇，這種賺不到錢的事還來的好些。

那我們先不要說賺很多錢，先假設一個月讓你多賺個5000～1萬塊，你感覺怎麼樣？會讓你感到開心嗎？如果會開心的話，你就去做做看呀，反正最壞頂多就是沒賺到錢，而且你還會學到多東西，又不用投什麼錢，所以也不會有什麼風險。除非可能是你經營的方式，像是買網址、買主機架設網站那種操作方式，才會花到錢，但說真的其實那花的錢也不多，頂多是幾千塊而已最大的花費不是錢，主要是花的是時間。

其實我之前自己有稍微花過一點點時間，在聯盟平臺操作過，那當時是實驗性質，也不是整個月再在這個事情，我的經驗就是一個月透過聯盟平臺，花一點點心思跟時間去經營，大概都能夠為自己多賺 1 萬塊以上的收入，其實還是不錯的。而且印象當中大概也就是一天花一個小時左右甚至不到。所以你想想看如果每天讓你花 30 分鐘到一個小時，就能夠一個月賺10000 塊，這樣是不是很不錯？

策略 D：上網接專案，偶爾賺外快

好，接著我們來看策略 D，策略 D 就是上網接專案，偶爾賺外快。你知道嗎？其實世界上有很多的接案平臺，它會提供文案工作的 case，包含廣告文案或者是軟文的寫作，軟文寫作就是比較屬於沒那麼直接的行銷文案，不會很硬性讓人家覺得在推銷產品或是訴求廣告，有點像是置入性行銷的一個概念，或者是你也可以去當影子寫手。什麼叫影子寫手，英文叫shadow writer，由於很多作家他的書其實不是自己寫的，都是請寫手幫他寫，所以這類寫手被稱為影子寫手，像威廉老師這種書是自己寫的不算很多喔。

1 哪些平臺可以接 case？

OK，我這裡簡單列舉一下，比如說有Tasker或者JCASE，在美國有 5 美金任務，就是平均一個任務花 5 美金，就可以找到人幫他做事，比如寫個 logo 做個插畫就是花 5 美金，臺幣就是 150 塊。很有趣的是，在中國也有豬八戒（這不是罵人，這是西遊記的角色），豬八戒是個外包的網站，或者是任務中國，包含像我們公司若水學院現在也有很多的文案工作會需要找寫手幫忙寫。所以如果你是一個有文案能力的人，我們其實非常歡迎你跟我們合作。

② 寫一篇文案可以賺……

我想你會很關心的事情就是寫一篇文案可以賺多少錢？目前來說，如果是幫若水寫文案，就是看等級，從 600～6000 塊都有可能。除了關心收入之外，還有一個你可能會很關心的問題，就是要寫一篇文案，要花上多少時間呢？答案是：因人而定。因為每個人寫文案的速度不一樣，以我自己本身來說，寫一篇文案要花的時間大概在 40 分鐘到 4 小時左右，就看這個文案的複雜程度，任務的難度。

那你自己可以思考一下，如果是花 40 分鐘到 4 小時不等的時間去賺 600 或者是 6000 塊，這之間就看經驗等級。好了，你覺得感覺怎麼樣？你會有興趣成為我們若水合作的寫手嗎？如果有的話，之後我們會來談一下，到底怎麼樣有機會成為我們的合作寫手好不好？

策略 E：業務懂文案，業績 N 倍長

好，接著最後我們來講最後一個策略，就把它稱之為策略 E。策略 E 就是從事業務工作的，這邊講的業務工作很廣泛，舉凡你是做直銷保險房仲或者金融理財、房地產經紀人，或經營微商事業，我覺得一個懂文案的業務，他的業績會更好。很多人都覺得業務就是靠嘴皮子在吃飯，其實不全是這樣子，因

為我本身也是有從事業務工作過的經驗，而且經驗其實還蠻豐富的。所以以我親身的經驗來跟你做分享，其實一個業務如果他的文案能力好，真的會挺吃香的。

好，我這邊來解釋一下，有五個地方是值得業務用心把文案優化並經營好的：

1 社群貼文

第一個就是網路PO文的稿，今天既然你是從事業務工作，你應該有蠻高的可能性在用臉書、IG或者是類似的社群平臺，比如說LINE、微信或部落格對不對？你很難想像一個活在這個時代的業務，能完全不在網路上發表任何言論，哇，太可怕了吧，這樣大家應該很快就會忘記這個人的存在吧，對不對？畢竟業務是個與人打交道，做人的生意。好，既然如此，你就要思考一件事情：你在網路 PO 文的時候，你要讓別人看見一個什麼樣的你？因為如果你 PO 出來東西都是言之無物。好，你還覺得讀起來很沒意思，或者是言語粗俗，你覺得人家會不會想要跟你買東西或者跟你做生意？

這當然是不可能的，或者你每天都是講一些讓人覺得沒營養的東西，你又去哪裡吃什麼，然後去哪裡玩，感覺每天都吃喝玩樂而已，倒也不是說吃喝玩樂不好，而是說你寫的東西感覺就是偏向無腦的吃喝玩樂文，人家也不會想要跟你買東西。就算你主要都是PO一些吃喝玩樂的文，也要PO的有心機有品

質，讓人覺得你是生活的很有品味，然後寫出的日常貼文很精彩，讓人感受到你是很用心在過生活，人家才會想跟你買東西或是加入你的事業，對不對，所以做業務也要懂得網路 PO 的文稿是要去優化的。

2 通訊對話

要記得有的時候，我們會用一些通訊軟體跟人家互動，包含用 LINE、用微信、用臉書 Messenger，你要知道當你打出去的字也會很大幅度影響別人對你的感觀，所以你聊天的文字的文字稿，到底有沒有去優化過？這個很值得你去好好去思考一下。

將心比心的想一下，當你作為顧客，有沒有曾經跟某個業務打字聊天的時候，不知道為什麼，光看他打給你字就覺得有一點心生厭煩，不會想跟他見面，你也不想跟他繼續聊下去，不但不想跟他買東西，而且完全也不想加入他的團隊。你想想看這是為什麼？就是因為他的文字稿沒有用心去優化過，想到什麼就說什麼。如果你是這種講話不經修飾、沒有優化文字意願的人，其實我要在這裡誠心地奉勸你，你還是不要做業務好了，也許找一份不需要跟人互動溝通的工作會比較適合你。

要知道，這年頭從事業務，或者是要跟人家互動的工作，你給人家的文字或是話語全部都是要經過腦筋想過再想過再呈現出來。不要都不經過修飾，字就這樣子噴出去了，一個文字

要出去之前先在腦袋裡面過濾一下，像濾水器一樣去濾過，思考如何怎麼樣讓人家聽著你的話會感到舒服、愉快，會有興趣、會心動，你想好之後再把它打出去。重點是**你必須讓對方能夠很快的理解，你現在在說的這件事情，跟他有什麼關係、有什麼好處？**要知道現代人都很忙、心也很浮躁，如果你講話沒有重點，也沒有邏輯，對方的心思很快就飄走了。

　　然後，我會建議你一件事情，就是你可以建立對話的腳本。你可以把一個客戶從不熟聊到有點熟，再從有點熟聊到有信任感，最後成交，還幫你轉介紹客戶的這些過程記錄下來，甚至把它做成模組化。什麼是模組化？就是針對男性幾歲到幾歲之間，各種行業的人，適合的溝通模式；針對女性幾歲到幾歲，從事各種行業的女性又是另一種模式的對話，統整起來。哇，如果你能做到這樣子的話，那太棒了，你一定會成為你那個行業的佼佼者，甚至是很傑出的業務冠軍。為什麼我會這麼說？因為這個方法太辛苦了，大部分的人都不願意這麼做，可是我跟你講，這個事情一開始是很辛苦，但你做好了以後就會非常的很方便、輕鬆，因為未來你只要在談下一個客戶的時候，只要從記事本當中挑出最接近的模組，稍微調整後使用就好，不用再從無到有整個組織過一遍你的語言，而且你講出來的內容一定是有效的，因為過去你就是用同樣的這組語言去成交一個很類似的案子。

3 電話邀約

這裡的「電話」是廣義的，包括你用 LINE 撥電話或者用臉書撥電話，這些都是通稱為電話。好，我想業務工作可能得要碰面，對不對？你要跟人家碰面是不是要邀約？所以你的邀約稿也要記得要優化。其實我覺得除非你已經到非常爐火純青的境界，否則我會誠懇地建議你不要憑臨場反應，直接約客戶出去。什麼叫臨場反應？就是見機行事，見招拆招，想到什麼就說。也許你自己以為沒問題，但是其實問題很大，因為別人被你約的時候感覺並不好。好啦，所以你的電話邀約稿有沒有去優化過？怎麼樣邀約讓對方聽了你的聲音，與講話的內容，會覺得很舒服，而且願意撥出時間跟你見面？還有就是，有的時候我們除了打電話邀約之外，還要會透過電話閒聊。我跟你講，其實做業務工作千萬不能小看閒聊這個能力，這超重要的，好不好？一個做業務的人如果不會閒聊，他業績通常會很淒慘。如果很會聊的話，他可能聊天就聊出業績的一片天。剛剛有人可能會說我們幹嘛花那麼多時間在聊天（Social）？為什麼不能直接切入重點，就介紹產品、賣產品或賣事業就好。

你要知道人與人之間有的時候會不會願意一起合作或是跟你買東西，很多時候不光是看客戶有沒有需要這個產品，或者也不是看你在賣的產品好不好，因為就算消費者有需要這個產品，就算你的產品很好，也有別人在跟你賣一樣的產品，那消

費者為什麼要跟你買？是不是建立在他對你的感覺，或跟你之間的交情對不對？那麼，對你的感覺還有跟你的交情建立在什麼基礎之上？其實就是建立在平時要常聯繫，有事的時候人家才會挺你一把。如果你沒事都不聯繫，那麼有事的時候人家也不會想幫你。所以請你要弄清楚，跟客戶沒事閒聊的文案話題庫、詞庫，也是你要優化的一部分喔。你要怎麼樣跟人家聊天，這個也是要用心優化的文案喔！

④ 業務手冊

好啦，第四個是什麼？第四個我把它稱之為溝通本，也有人把它稱之為業務手冊或 Sales key。我不知道你有沒有從事過業務工作，如果你做過業務工作的話，不曉得你還記不記得在過去我們做業務工作的時候，你會發現很多時候我們跟人家碰面，是不是手上會拿個手冊或是拿個DM，那這個手冊、DM裡面有公司的產品、公司、制度或者是團隊介紹。其實很多行業都會使用到溝通本，不管溝通本的型態是一張紙，還是一個三折式的 DM、一本手冊，或是一個 PPT，都是優化過的。優化的準則是怎麼樣讓你們的陳述會讓大家覺得有趣、好奇、好好玩、心動、感動，最後採取行動。

⑤ 面談話術

業務人員最重要、最需要優化是什麼？就是面談話術稿。

我想你在跟人家碰面的時候，不管是見面聊或者是電話上聊，你的嘴巴一定會講吐出某些字，對不對？你不可能只是發出一些聲音，就是嗯啊哦的，一定是有某些具體的些內容。Ok，這個內容就是文案，有沒有事先去想好、優化好？有沒有先把它打成逐字稿？或者在腦海中有個具體的結構性內容？如果這些都沒有的話，這是有點危險的。除非你這個人天縱英才，不用打擬好稿子，直接講就讓人家覺得聽的起來猶如口吐蓮花、如沐春風一樣，心裡面覺得很舒服，就是很想跟你買，很想加入你的團隊。如果是這種人，就不用去做這個事前準備功夫。但是我可以坦白跟你說一件事情，這種人多不多？不多。絕大多數的平凡人包含像我，其實是需要靠事前大量的準備功夫。有點像鴨子划水，表面上看起來悠遊自在，其實背地裡做過大量的努力。所以你要事先寫好話術稿，包含見面的時候如何開場，讓人覺得一開始就被你讚美到了，你好懂他的感覺。其實，一個業務在從跟客戶開始見面的 3 分鐘之內如果不能讓對方覺得有一點小開心的感覺，基本上不好意思，已經輸掉一半了，但是絕大多數的業務員都不懂這點，一見面就只想著要賣對方東西，反而被對方討厭。所以怎麼開場，這個很重要喔！像我之前從事業務工作的時候，不管要去見誰，我都會在前往與對方會面的路上開始擬稿子。「我待會見的是什麼樣的一個人？」「該如何讚美對方？」讓對方覺得很開心，而且不能只讚美一些很膚淺的東西。因為你讚美很膚淺的東西，其實對方

聽的是沒有感覺的，所以你必須讚美到讓對方感覺到你真的是有用心去了解過他，是有去做過功課的，讚美到一些一般人看不到的地方，人家才會覺得這個人真的是不一樣。

那麼，要**如何勾起對方「想要」的心**？如果你沒有先勾起對方的**興趣**，其實你說什麼都不對，所以你要先勾起對方有某個想要的需求，再把你想要賣給他的產品包裝成一個提案、解決方案給對方。如果**你根本沒有創造出一個對方想要的某個需求時，直接賣商品其實是不太容易成交的**，而這種沒有創造需求，就直接賣的方式，也是一種蠻 low 的銷售技巧。最後就是「促成」，你要講出什麼字句，讓對方聽了之後決定今天就跟你買，今天就簽約，今天就加入。

以上這些誠摯的建議，你如果不怕麻煩可以全部把它寫成話稿，最好是逐字稿，在還沒見客戶之前就反覆不斷的練習。練到什麼程度？練到你去講的時候，你根本不用看著稿，好像這些文字已經深入你的體內，成為你血肉的一部分，隨時都可以把它呼叫出來，然後它就會很自然的流出來，就像一首MP3存你的手機裡面，你一按play鍵就會播放出來美妙音樂一樣。

做這些事情的**成功關鍵**是什麼？這裡我就不跟你賣關子了，成功的關鍵就是不管你以上這五點都要優化，其優化都有一個共通點，那就是要透過文字或話語，**讓收聽或收看的人，很快地理解到，你此刻說的話跟他有什麼關聯**。

　　我常常看到很多人覺得蠻可惜的，比如說他從事直銷工作，可能是在電話上或是用網路跟我傳訊說：「威廉老師，我跟你講我的目標是今年要能夠創造多少人的團隊，也希望能夠達到什麼品階」他一邊講我就越來越恍神，會在腦中感到困惑，我就在想，你在講你的事情到底跟我有什麼關係？了解嗎？你說的是你的目標，但這跟我有關係嗎？好像沒關係，**所以對我有什麼好處，你必須要講出來**。我常會遇到有些人他端出來的東西，自以為於對方而言是個好處，但問題是對方完全感覺不到。

　　最後，我想問你一個很重要的問題，就是你會不會反對讓自己的文案功力變得更厲害呢？你會不會反對，讓自己的收入因為文案變得厲害，收入變得更高呢？我想你應該是不反對的，對吧？好，如果你不反對的話，那麼你可以繼續往下看下去，那如果你真的很反對的話，就不要看算了。我有個提議你可以聽聽看，聽完之後如果覺得不錯，那就接受我的邀請，如果不接受的話也沒有關係，不需要有任何壓力。因為我希望能夠找到合作夥伴，大家一起來創造財富。我覺得大部分現在的企業，不管在臺灣或者是其他國家，你有沒有發現很多錢都是被掌握在大財團裡面，市井小民越來越難生存。所以那我覺得對於一般人來說，如果文案能力提升，他的收入會變得更好很多。如果一般的市井小民收入變得更好，整個世界也會變得更好，財富就不會只壟斷在少部分的人手裡面，社會治安也會變

得更好。

　　很多人寫不出文案，是因為他手上根本沒有材料，所以腦袋僵在那邊，沒有靈感。其實也不是不會寫，而是他手上沒有材料，就好像一句話：「巧婦難為無米之炊」。如果你手上沒有食材，怎麼可能炒出一道好吃的料理，對不對？實際上，如果你能夠收集到很豐富的材料，而且用很有效率的方式去收集到高品質的材料的話，文案要寫出來一點也不困難。只是收集的技巧一般人都沒有學過，如果你有興趣的話，我有開一門課程——〈銷售文案之進擊〉，課程中我會教你怎麼去很有效率的收集你的文案的材料，還會教你銷售文案的一些黃金法則，而你只要依循這些法則、這些要點，就能夠寫出幫你賺到錢，如果你有學這些技巧的話，可以掃旁邊的 QRcode 了解詳細的課程資訊。

銷售文案
之進擊

 4 文案如何寫，讓貴人忍不住提拔你？

如果你在創業或從事業務，想找神人投資你錢或是撥時間給你一點建議，文案該怎麼寫才能打動他們的心？

找對人，用對方法，成功並非遙不可及

我們活在一個需要別人幫忙的社會，如果有任何人以為成功是要靠自己，那麼他一定是活在他的幻覺裡面。事實上，一個人要成功，是需要靠別人幫忙的。小成功只需要少數人的幫忙，大成功則需要更多人的幫忙，如果你想獲得巨大的成功，那麼就要找到高手、大師或神人等級的人物幫你的忙。舉例來說，馬雲為何會成功？因為他找到了孫正義投資他；諸葛亮在毫無實戰經驗的情況下，為何能讓劉備三顧茅廬請他當軍師？是因為諸葛亮的老師水鏡先生說了諸葛亮的好話，水鏡先生曾經對外放話說：「在他教過的學生當中，有兩位最為優秀，一位叫鳳雛，一位叫臥龍（諸葛亮），兩人若能得其一人輔佐，就能得天下。」

羅伯特·清崎寫的《富爸爸，窮爸爸》這本書，一開始銷路並不理想，後來是遇到歐普拉的節目採訪他，他才終於聲名

大噪。你看見了吧？得到貴人的幫助，真的、真的太重要了，**大部分的人之所以一輩子庸庸碌碌，沒啥成就，有兩個可能，要不是幫他的人太少，要不就是幫他的人都太一般了。**

　　你想想看，如果講「得臥龍者可得天下」這句話的人，是一般的市井小民，這對諸葛亮的職涯發展有幫助嗎？答案是不大，因為說他好話的人，不是一個有巨大影響力的人。講到這裡，也許你會想：「威廉導師，我只是一個平凡人，真的會有很厲害、很成功的人願意幫我一把嗎？畢竟這個商業社會、每個人都是自私的，也都很忙，誰會有意願幫我啊？」其實，你知道嗎？這世界上是有很多人願意幫你的，真的，我不是安慰你。因為我當初也是小白，也曾經一無所有，甚至負債累累，如果說我如今能夠有一些還不錯的成就，那也是因為**我用對了方式，讓很多人願意幫我。**

　　但是現在問題來了，大部分的人找人幫忙的方式，都錯誤的離譜，我可以毫不誇張的說，許多人都在用一種自殺式的開場白找人幫忙。他們的問題不在於他們的創業項目好不好、也不是他們產品好不好、理念好不好、創業者的人品的好不好，問題是出在他們找人幫忙的方式不對。一旦你用了錯誤的方式找人幫忙，就好像一個指揮官率領了一批訓練精良的部隊，卻選擇了在一個布滿地雷的沙灘上搶灘登陸，你既不會贏得這場戰爭，還會被炸的粉身碎骨。

　　也許聽到這裡你會想說：「威廉導師，我只是一個人啊，

我又沒有部隊，也沒有戰爭要打」錯！我要跟你說每一個人都有屬於自己的戰要打，而且你有一批部隊，而這批部隊，就是由今天的你、昨天的你、前天的你、過去每一天的你組合而成的，有千千萬萬個日子裡的你，投注了時間、心血與才華想要創業，想要孵化某個產品。如果你不懂得找人幫忙的要領，那麼你就是在率領著過去與未來千千萬萬個你的時間、金錢，在打一場贏不了的戰爭。也許你會想說，我們找人幫忙，不是只要誠懇就好嗎？你說得對，但是不好意思，你只對了一半，誠懇是必要的，但那只是基本盤，這社會上有太多需要被幫忙，而且如果說我們只要做人誠懇，心存善念，這樣就會得到幫助，這樣想就太天真了。小孩子天真我們會說他很可愛，而創業家天真不只不可愛，而且還很可恨。因為一個天真的創業家，不只會讓自己的企業賺不到錢，甚至還會連累到家人。也許你會說：「老師……有那麼可怕嗎？你不要嚇我好不好？」我跟你說就是有啊，你有沒有看過一種人，他創業是跟家人借錢，或是父母把自己的老本拿來資助孩子創業，結果孩子因為一些天真的心態與行事作風導致創業失敗了，父母也無法安享晚年，那這不是連累家人是什麼？而我有可能是你遇過最不天真的人了。

從用戶思維下手，寫出有感文案

　　「那麼，要怎麼樣找人幫忙才對呢？威廉導師，你可否給我一些建議？」好的，既然你問了，那我就來送你一個錦囊妙計吧！由於我本身是一位文案老師，所以我就用文案來拆解這個題目吧。今天我要給你的文案錦囊妙計，叫做「從用戶思維下手，寫出有感文案」請你想像一個場景，你現在因為某個原因，拿到了一個創投界大佬的 Email，你想寫一封信給他，請他抽空指導一下你的創業項目，如果可以的話，最好還能當你的天使投資人。請問一下，你會怎麼做？

　　我先跟你講一種保證錯誤的方式，如果你用一般的方式，寫一封信跟這位大佬說：「大佬你好，我有一個很棒的創業想法，我預計要做出一個很棒的產品，這個產品可以改變全世界，我希望你可以抽出時間了解一下我們的這個項目，而且如果你投資我們的話，我們一定可以讓你賺大錢。」拜託，這就是標準的自殺式開場白好嗎？這種文案的腦殘程度，大概就像是一個宅男在把妹的時候跟女生說：「安安妳好啊，妳幾歲？住哪裡？妳現在幹什麼一樣，正妹每天看到這種文案看到都要吐了。」這種文案，只有兩種結果的可能，一個稍微好一點的叫做已讀不回，另一個更慘的結果是不讀不回，保送垃圾桶或被封鎖。而我今天要送你的錦囊妙計中提到的用戶思維，簡單的說，就是站在對方的立場想事情。想像一下，如果你是一個創投界的大佬，每天你會收到這樣的信件多不多？太多了～多到爆，多到讓人看了覺得很煩哪～那麼，怎麼做才對呢？我來

講個真實的故事給你聽吧！有個女生叫做劉楠，她創業了一段時間之後，感到很茫然也很困惑，希望能夠找到高手指點。一個偶然的機緣下，她拿到了頂級投資人真格基金創始人徐小平先生的手機號碼，於是她就給他發了一條簡訊，簡訊上是這樣寫的……

「徐老師，我是個北大的畢業生，現在在開淘寶店，銷售額已經有 3000 萬了，但是我非常不快樂。我聽說您是青年的心靈導師，而我是一個陷入心靈困惑的青年，您有時間開導一下我嗎？」

你如果用心去品味這段文字，你會發現這樣的文案用得非常高明啊，完全抓住了用戶思維。第一句話：「我是個北大的畢業生，現在在開淘寶店」一般來說像這種頂級學府，畢業後應該會去大公司上班啊，怎麼會開淘寶店呢？這就好像台大畢業生去賣炸雞排一樣，容易抓住人的眼球與好奇心。

接著，第二句話說：「銷售額已經有3000萬了（這裡要補充一下，這個3000萬是人民幣，換算成臺幣的話已經是一億多的營業額了）」這代表什麼？這個年輕人挺厲害的啊！她的賣場居然已經達到3000萬營業額了，不簡單，這個年輕人應該值得我們把注意力放在她身上。

接著，劉楠又說：「但是我非常不快樂……」奇怪了，一

般年輕人如果開淘寶店，做到年營業額 3000 萬，應該超開心的吧，日子應該很快樂才對啊，怎麼會非常的不快樂呢？這樣的反轉，吊足了閱讀者的胃口，就好像一部精彩的電影，往往劇情會有著反轉出現。

最後，她說：「我聽說您是青年的心靈導師，而我是一個陷入心靈困惑的青年，您有時間開導一下我嗎？」這句話標住了對方在象限上的座標，也標示了自己的座標，重點是她把這兩個座標牽起了一個連接線。那麼，當劉楠這位小女生給徐小平老師發了這條簡訊之後，你猜猜看，後來發生了什麼事情？徐小平回應了嗎？是的，他回應了，不只回應，他還真的打電話給她一番開導，而且拿出一大筆錢投資她的公司，還幫她的公司帶來了許多資源。而這位劉楠小姐，後來成立的公司就叫做蜜芽寶貝，這家企業現在有一千多名員工，市場估值超過一百億人民幣！這是一個完全真實的故事，你上去百度查一下就知道了。

所以我們一起來做個總結，你覺得對一個創業家來說，懂文案重要嗎？如果當初劉楠不懂文案的策略，無法從用戶思維的文案寫法，去抓住徐小平的注意力，你覺得她有辦法獲得徐小平老師的指導，甚至是投資嗎？答案是……絕・無・可・能！

那麼，我們再來探討一個問題，懂文案除了用在找投資人投給你錢，找高手給你建議，還有沒有可能在其他地方派上用場？聰明的你，可能已經開始意識到答案有哪些了，是的，當

我們在招募員工的時候，會用到文案；當我們在開發客戶的時候，會用到文案；當我們在找產品供應商的時候，只是寫一封Email，請廠商願意用好的條件出貨給你，都是在使用文案。甚至連每一天，我們在開口跟別人溝通，想要說服別人答應我們一件事情，都在使用文案的能力！

　　我自己成立了一家公司，叫若水學院，在這個平台上，除了我講課之外，還有很多優秀的老師跟我合作，他們幫若水講課，能賺到錢，我自己也能賺到錢。如果若水學院只有我一個老師講課，那就太悲慘了，因為只要我一天不講課，這家公司就沒有營收，這樣的人生我一點都不想過。但是問題來了，為什麼我的學院可以讓許多老師願意跟我合作？你覺得如果我的文案寫的不好，這還有可能嗎？答案是不可能。我是利用了非常高明的文案，讓這些老師們願意跟我合作的。這些文案高明到什麼程度呢？高明到就算我把些文案免費送給你，你可能也看不出來這些文案有什麼神奇之處，它們看起來很普通啊～哈哈，如果你看不出來我的文案高明在哪裡，那我也就放心了。因為能看出我的文案高明在哪裡的人，他本身一定也會是一個高明的人，這就好比武俠小說裡面，一個真正的武林高手，能光從一個人走路的方式，就判斷出那個挑著水路過的路人甲，是一個絕頂的武林高手一樣。

　　故事講到這裡，也差不多該做個結尾了。最後我想說的是，自從有了一點名氣之後，我遇到了一個嚴重的困擾，就是

每一週，都會有人想找我見面，請我了解一下他們的事業或產品，然後看看是否能借重我的行銷專長，幫他們出謀劃策，想方設法幫他們業績成長，讓產品大賣。坦白說，我是做得到的，而且我有十足的把握，因為我的座右銘是：「沒有我用文案賣不掉的東西」過去二十年來一直如此，從無例外，除非那個案子不吸引我投注心力去認真推動，否則以我在行銷領域上的積累，現在想用文案去賣啥，都會賣的很不錯。

但是，我其實也很痛苦，我的痛苦是什麼呢？就是每個禮拜我都得拒絕掉這些找上我的人，因為我的時間很有限也很寶貴，能跟人一對一見面的時間不多，甚至別說一對一見面了，連撥出接個電話，聽某個人介紹他的事業對我來說都很難。為什麼我這麼忙？答案很簡單，因為我在忙著服務我的學生啊，我每天都要努力學習新東西，然後製作一些新的技術、課程給他們，讓他們可以用著這些更厲害的武器，在戰場上打敗同行競爭對手，收割豐盛的戰果。而那些找我想談合作的、想找我給建議的、想找我幫忙賣他們產品的人們，他們之中百分之九十九，用的文案都錯了，而且錯誤的離譜，導致我不但得拒絕他們，甚至讓我覺得連花時間拒絕，都是一種浪費時間的行為，但我又害怕被討厭，被誤以為我很高傲，所以連拒絕都得要小心翼翼、措辭委婉。你說這種事情如果每個禮拜都得要發生很多次，換做是你，會不會覺得很痛苦？

所以，最後我想來邀請你做一件好玩的事，就是我來出一

道題目，鍛鍊一下你的腦袋，想像一下你就像是那個小女生劉楠，而你眼前遇到了一位天使投資人，創業家們的導師，這位貴人就是威廉，而你也遇到的問題不一定是創業，也有可能是因為你從事某方面的業務工作，或遇到生涯規劃、職涯發展的問題。你希望能夠得到我的指導，甚至是投資你的企業、投資你的人生，而你也的確獲得我的私人 Email 信箱了。現在你要怎麼樣寫信給我，才能夠獲得我的關注、回應，甚至是立刻願意抽出時間與你通話或見面？

　　我給你一點提示啊，還記得我送你的錦囊妙計嗎？我們一起來複習一下，這條妙計叫「從用戶思維下手，寫出有感文案」。如果你像一般人一樣，一開始就跟我說：「威廉導師，我們公司有一個很棒的產品，或很棒的制度，你一定要來了解看看，如果你願意跟我們合作，我們一定會合作賺大錢（以下省略一千字）。」那麼，我跟你說，完蛋了，這樣的文案絕對是錯誤的，而且錯誤的離譜，我看到這種文案不止無感，甚至還有厭惡感，不好意思，我澄清一下，我不是討厭你這個人，也不是討厭你們的公司或產品，我單純只是因為聽這樣的話聽太多、聽到膩了，所以覺得很厭惡而已。答案我先不說破，讓你動動腦，因為這樣才會讓你進步，我相信一個好的老師，愛他的學生最好的方式，不是拼命塞答案給學生，而是提供很多很棒的問題，讓他的學生去思考。

　　你可以把你的答案留言在下一頁的練習欄，如果你真的答

對了這道題目，我的確會抽時間跟你通話甚至碰面，而在那次的通話或碰面當中，你可以盡情的問我所有在我的專業領域上能幫得上你的問題，例如創業、行銷、文案、如何當講師、會議行銷等。而且聊完之後，如果我對你的產品或事業感興趣，說不定我真的有可能會動用某些資源來協助你的事業快速發展起來。

📋 **現寫現賣** *Practice*

　　啊，順帶一提，一般來說，要跟我見面做一小時的諮詢，我的收費是五萬元，而且也不是任何願意付五萬元的人，我都願意見的，因為我有很多龜毛又古怪的原則，例如：我超討厭有人約我去他的公司坐坐、談合作。我討厭這件事情的程度，就像小馬哥最痛恨有人拿著槍指著他的頭一樣。雖然我知道通常跟我開口講這句話的人往往沒惡意，但我就是不喜歡。趁這小節把我的龜毛原則拿來講一講，這樣可以讓我省下一些用來拒絕別人的時間也很不錯，如此我才能更專注在創作上。

對了，如果你有開始意識到文案的重要性了，也打算來強化一下自己的文案能力，我把我所有有在開設的文案課程連結，都放在旁邊的QRcode了，如果你現階段手頭比較緊，沒錢上付費課程，沒問題，我也有免費課程。

文案課程

如果你因為某種原因，不太方便出門，例如你是個寶媽，那也沒問題，我也有線上課程。如果你跟我說，威廉導師，我既不會沒錢上課，而且我也出的了門，那太好了，因為全世界最頂級的文案課程，我也已經幫你準備好了。它們就像是一整桌的滿漢全席，菜已經煮好端上桌了，你只需要拉開椅子，坐下來好好品嚐，就能夠從我身上吸取到二十年的文案功力。

親愛的朋友，我不知道正在閱讀這段文字的你，我們在現實生活中，是否真的見過面，也許我們見過、也許我們沒見過，但是感謝這本書能順利出版，讓我們有機會可以透過文字、聲音或影像，在網路上相會，如果可以的話，我真的很希望，有一天我會在我的教室裡面見到你，不管那是一個付費的課程，或者是免費課程。

我是威廉，我們下一個學習章節再見，bye bye。

Part 2

勸敗文案的
必修基本功

1　3分鐘，搞懂銷售文案

　　如果有一種方法，可以讓你用很短且零碎的時間來賺錢，你會有興趣嗎？一般來說，很難用5分鐘、10分鐘這種零碎時間來打工賺錢。比如你很難到超商、麥當勞跟他們說，我現在有10分鐘空檔，可不可以來幫你們打10分鐘的工，你只要給我這10分鐘的薪水就好？好像不容易，對不對？

　　如果這個方法，沒有地點的限制，你可以在任何你覺得舒適喜歡的地方賺錢，比如說你高興在咖啡廳就在咖啡廳工作，你喜歡在夜店工作就在夜店工作，酒吧也沒問題，或者是家裡的沙發、客廳甚至你想要泡澡也沒關係，只要手機不要掉進浴缸就好。這樣會不會覺得很棒？如果這個方法，幾乎不用任何成本，除非你目前沒有一臺智慧型手機，那你就要花錢去買一臺智慧型手機，就可以學習這個技術。因為這個技術不需要買任何設備，也不需要買一個攝像頭，你只需要一臺智慧型手機，真是太棒了！你會不會想要立刻學會？

 ## 銷售是什麼？

　　這個方法是什麼呢？這個方法就是撰寫銷售短文案。我現

在解釋一下，什麼是銷售，銷售有分為狹義和廣義的銷售。

1 狹義的銷售

什麼是狹義的銷售？就是我們過去的認知，可能像是一個人的職業標籤就是業務，比如說是賣車的、賣保險的、做直銷的，這個都叫狹義的銷售，這樣可以理解嗎？

2 廣義的銷售

那一定只有業務員才叫做銷售嗎？不，其實廣義的來說，我們**每個人都在做銷售**，怎麼說？記住喔！**銷售就是舉凡想要說服一個人認同你某一個觀點，並且採取某個行動**，就叫做銷售。再更簡單一點來說：

說服＝銷售

我們人生當中什麼時候需要被說服？當然是每天時時刻刻，每個地方都在被說服。你今天要請假，是不是要說服老闆？你今天如果喜歡一個人，你要讓他答應當你的男朋友或女朋友，是不是要說服他？就連媽媽要說服小孩早點上床，這也是說服。

所以廣義來說，我們沒有人不做銷售工作。親愛的朋友，除非你住在一個無人島上，身邊沒有任何一個需要溝通的對象，否則你早晚都是要學會銷售的。那既然我們無可必免的要

做銷售，為何不把銷售學好一點呢？

到底銷售文案是什麼？

其實，日常生活當中，我們常常會看到銷售文案的存在。到底銷售文案是什麼呢？答案是**只要是想要達到銷售目的，而撰寫出來的一段文字，就叫做銷售文案**。譬如說，我要說服你來報名我的課程，很多人都是在網路上看到我們的 LINE、臉書、YouTube 訊息被邀請進來的，這些都是我們的銷售文案。除了在社群軟體上傳訊息、PO文、DM傳單，也是一種銷售文案。另外還有購物網頁、網頁網路廣告、捷運廣告、公車廣告，包括我們搭計程車上看到的廣告，就算不搭計程車，計程車從你面前呼嘯而過，你是不是有看到車門有廣告，那個也是銷售文案。當然還有簡訊廣告，還有呢？還有情書（笑）。

我是 66 年次，在我們那個年代，如果一個男生喜歡上一個女生，是會寫情書的。以前我是個非常內向害羞的人，如果喜歡上一個女生，往往不敢當面跟她告白，甚至跟她靠近我都會緊張，只要距離三公尺就會緊張，所以當時我只能寫情書。因為太害羞又不敢當面交給那個女生，我又不知道那個女生的住家地址，她是我同學，所以我只好透過一個認識的女生（我對她比較沒有被電到的感覺，所以我跟她相處比較自在），轉交情書給我喜歡的那個女生，轉交了兩個學期之後呢？我喜歡

的那個女生並沒有愛上我，可是幫我傳遞情書的那個女生，卻愛上我了。你們覺得妙不妙？

履歷表也是一種銷售文案，因為這就是我們推銷自己，讓一家公司願意僱用我們的方式。除此之外，高速公路上的 T 霸、電視廣告這些都是銷售文案。

為什麼文案寫作能力很重要？

銷售是通往高收入的高速公路

講到這邊，我們一起來聊一些事情，你們有沒有發現一件事情：在網際網路的時代，銷售文案寫作的能力，變得越來越重要。為什麼？因為銷售是通往高收入的高速公路，這個可以記下來。那在過去銷售文案原本還沒有這麼重要，為什麼現在變得越來越重要了呢？這是因為過去我們在賣東西，可能是面對面的買賣，你想要買個保險，需要見面我跟你介紹一下這個保險計劃；你要買衣服，來我們的門市店逛一逛，我跟你介紹這個衣服。但是現在這個網路太方便，尤其是因為疫情的關係，大家有沒有發現買東西常常是不見面的？我們可能在蝦皮、PChome 還是 momo 購物臺等網路平臺逛逛，就下單了。所以你過去可能不需要把文字的能力培養好，因為你只要很會講、很敢講、很能講，見到面你可以本能地反應，講一段話就

把產品賣掉。但是現在客戶不見你了，不是因為你的產品不好，也不是客戶討厭你，是客戶已經開始習慣上網了。所以你現在再能講，也不能夠面對面的講，所以要靠寫作把東西寫出來，將產品賣掉。

什麼是銷售長文案？

剛剛已經解釋完銷售，也解釋完文案，在解釋銷售短文案之前，我要先來解釋什麼叫長文案。我個人接觸銷售文案寫作已經將近一、二十年。早期我的學習對象是比較偏歐美類型，尤其是美國很多的直、行銷大師，那當時他們寫作的風格，多為長文案。

不知道大家有沒有過一種經驗，收到一封 Email，但 mail 寫的很長或是去逛到一個網頁，這個網頁的造型有點像直筒狀的。然後你會從上面往下看，一直往下看，最後會有一個付款按鈕或是付款連結，有印象嗎？就是一個直筒狀，文字可能有一、二千字，甚至更長，它寫很多文字，讓你好像在跟一個業務員進行無聲的交流，然後看著文字，你可能心動就買了。

何謂銷售短文案？

相較長文案來說，比較短的文字，可能幾十個字、一兩百

個字，這種叫短文案。長跟短是比較而來的，這樣就應該蠻好理解的。所以為了把產品賣出去，寫出一個相較以往比較短的文案，就叫做銷售短文案。

我們把短文案的應用區分為兩大類，一個是公開 PO 文，另一個叫做私訊。公開 PO 文的部分，大家最常見的應該就是 FB 動態消息，以前叫做塗鴉牆，現在改名叫動態消息，大家很常用吧！除了 FB 動態消息，Messenger 或者是 LINE 的私訊都屬於短文案。

① FB 動態消息

我們吃飯的時候，不是常常先拿筷子拍照 PO 上網，讓大家知道你吃到什麼東西，這就是 FB 動態消息。那大家有沒有透過 PO FB 的動態消息去賣某個產品、賣個服務或是賣個事業機會，有賣過嗎？有些人都是 PO 他吃什麼，跟朋友去了哪裡玩，不好意思賣或沒有想賣的東西；而有些人就是 PO 吃喝玩樂，偶爾會賣賣東西，像我就是都會有。

② 社群群組 PO 文／LINE@群發

接下來社群或群組內的 PO 文，像是臉書社團、LINE 的社群等都是短文案。那你在群組內 PO 一篇文或者是 PO 記事本，也是銷售短文案的一種。再來就是 LINE@群發，LINE@的群發很重要，可以一次發給很多人。像我本身有在經營威廉導師的

LINE@群發，目前來說有 6000 位組員，也就意味著，今天我有一個好商品的話，如果用 LINE 私訊一個一個傳，可能只能傳 10 個、20 個人，可是如果我有 LINE@的話，是不是比其他賣此商品的人更有成交的機會？因為別的業務員是一次發給 10 幾個人，而我是一次發給幾千個。LINE@群發很重要，你可以一次傳遞更多的訊息給更多人，就比別人更有優勢，更多商場的機會。當然保險也是一樣，比如說，我一個同學是保險業務員，保單有時會遇到停賣的時候，如果從今天開始算三天之內要停賣，請思考一個問題：三天之內，你能夠把這個停賣的訊息散播給身邊多大的範圍？

3 微信公眾號／微博／IG／Twitter／Email

如果是中國大陸的話，大家最普遍接受的訊息管道，就是微信公眾號，當然還有微博、IG、Twitter、簡訊的廣告、Email 等。不要想說 Email 一定要打很長的文字，其實用講的也是可以發 Email 出去。根據我的觀察，如果你要**掌握 Email 寫作的技術的話，目前我覺得最好的方式就是短短幾行字，搭配一部影片**。Email現在最好用的就是短短的幾行字，搭配一部影片，為什麼這麼說？因為你打太多字，大家會有點看不下去、不耐煩。有發現自己曾有這種感覺嗎？但你也有可能很有耐心，幾千字也會把它看完，特別是威廉老師的幾千字銷售信都把它看完。我先說，字太長，人家看不完；字太短，可能無法達到你

的銷售目的。比如你可能要賣幾萬塊的產品，你大概很難指望寫個一、二百個字，就賣掉幾個幾萬塊的產品，不是說做不到，如果信任感很足或是商品力很強，就做得到。但是一般來說不容易。所以說，如果你用幾行字勾引他去看一段影片，然後那一段影片當中，你在把原本二～三千字的內容（因為一般的語述，一分鐘大概可以二百字，算算大概 15 分鐘的影片）用口述的方式，製作成 15 分鐘的影片，再用一～二百字引導他去聽這個資訊含量相當三千字的影片。這樣一來，透過一個 15 分鐘的影片，你就可以把一個幾萬塊的產品給賣掉了，可以理解吧！

 短文案應用趣

接著我們看一下，銷售短文案的應用目的：

❶ 直接賣貨

比如說我今天手上有一顆滑鼠，我想要把這個滑鼠給賣掉，寫一篇文案，然後介紹這一顆滑鼠，並表明：「如果想要購買的話，請留言或私訊我」這個就是直接賣貨。

❷ 引流去某個網頁

以我的鍵盤作為舉例，它價值大概好幾千塊，一般的鍵盤

可能才幾百塊或一千塊以內就可以買到。我這個鍵盤好幾千塊，為什麼？它有很多厲害的高科技性能，比如說，它可以一個鍵盤連接三臺電腦，了解嗎？它可以跟電腦進行無縫接軌，比如說，你可以在電腦鍵上按 1 複製，去電腦鍵上按 2 貼上，它檔案會存過去，這是一個非常厲害的筆電。所以，像這種情況，可能不適用於短文案，直接把它給賣掉，而是把消費者引流到另一個頁面，然後另外一個頁面，它有很多的文字訊息來介紹這個厲害的鍵盤。而且同一鍵盤，它可以同時跨平台，可以在 Windows 跟 Mac 電腦無縫接軌做切換，這個很酷，你可以在 Windows 電腦按複製，然後去 Mac 電腦按貼上，這個特色就適合放到被引流的頁面。剛好手邊有鍵盤，所以拿鍵盤做舉例。以後有機會再講更多相關的內容。

　　透過短文案可以讓消費者點長文案連結，再好好來跟消費者介紹產品。那一般來說引流網頁有分三種，第一個是商品銷售頁，第二個是活動報名頁，第三個叫做名單收集頁，在吸引消費者購買商品時，可以收集名單。名單收集超重要，你有沒有想過一件事情，如果你從來沒有收集到臉書上的朋友 Email，突然有一天，你這個朋友失聯了，這個帳號停用了。你到底用什麼方法聯絡到他這個人？或是有一天臉書不紅了，你要如何繼續讓你的商品曝光在你朋友面前，所以一定要收集名單啊！

3 樹立個人品牌

接著我們來看第三個應用的目的，叫做樹立個人品牌，這個是短文案最重要的一件事情。其實在賣產品之前，真正要賣的是什麼？你知道嗎？答案是賣自己。因為**信任永遠發生在成交之前**。所以很多時候並不是每一天都想著要賣產品，這樣子是不對的。**有的時候我們寫一些文案不是為了要賣產品，而是樹立個人品牌讓消費者認同**。讓消費者相信：「我是一個專家，是很值得信賴的人。」這叫做樹立個人品牌。了解嗎？如果你永遠都不樹立個人品牌而只是賣貨的話，坦白說，你真的很難賣掉它。將心比心，對消費者來說，有時候他們在乎的不光是買到的什麼，他們更在乎的是在跟什麼樣的一個人買貨。

4 炒熱議題

短文案還可以炒熱某一個議題。舉例來說，我現在想要賣一支手錶，可是我不見得會馬上賣手錶，可能是預計 7 天之後，才會賣手錶。可是我在 7 天之前，就會先PO個某個訊息，問大家說：「我最近想要買男錶，不知道大家有沒有比較推薦的款式或是在哪裡買？請告訴我。」然後大家就比較會關注這個議題。因為你直接銷售，其實人們本能是排斥銷售的，所以對於銷售有時候會忽略不看，而你拋出去的看似非銷售的訊息，反而是比較有機會引起更多的關注。不知道你有沒有發現，有時候 PO 一則廢文，比如說你今天吃了吐司，而你今天

覺得吐司很難吃，踩到地雷，可能會有 30～50 個人按讚跟留言，你也覺得莫名奇妙，這個文章明明沒有營養價值；可是如果有一天你突然想要賣東西而 PO 文的時候，發現留言的人變得很少，才 3～5 個。這反應了一個現象，就是你 PO 一個很無聊很無腦的文，然後留言一堆，但你精心設計一篇銷售文案，結果沒幾個人理你，好，為什麼？不要氣餒，因為人的本能就是反銷售、排斥銷售。

　　所以如果你要寫文案，我是建議你要有一個布局思維。像高手他在對決的時候，他並不是一看到對方就拔劍，如果你去看那個武俠電影或是電視劇裡面，馬上拔劍的都是雜兵，高手就是凝視對方，觀察破綻，歹住時機，一片落葉飄過的時候，才瞬間拔刀，有沒有？所以你要把自己當做一個高手，拔劍之前要先炒熱議題，蒐集名單、博取粉絲的注意力，讓大家的注意力可以放在你的身上。

5 促進粉絲黏著度

　　請記得要促進粉絲的黏著度，在互聯網年代是很殘酷的，如果今天你在網路上，消聲匿跡 4 個月，4 個月以來大家注意力不在你身上，那時候大家幾乎都忘記你了。過去不管再紅再有名，只要 4 個月都沒有出來跟大家聊天，大家就幾乎都會變心。所以哪怕你平常沒有要賣什麼產品，你都要繼續維持粉絲的注意力以及黏著度在你身上，這樣當你要賣東西的時候，大

家才會買。你不能想說，反正最近我沒有什麼要賣的，就先不PO 文好了，不行，不能這樣想。你可以當天什麼事情都不要做，也要在臉書冒個泡泡，知道嗎？如果你放棄一段時間，就有點像你運動一年，好不容易練出了肌肉，結果你 4 個月不上健身房了，4 個月都在擺爛、大吃大喝，肌肉很快就垮掉了，這樣了解嗎？

▲文案課學生熱烈迴響

2 短文案決定你的吸金度

　　好的，上一小節介紹了銷售文案及依篇幅來區分的銷售文案類型，相信你對銷售文案已有初步的理解，也明白了銷售文案最常見的就是短文案。所以，接下來這個小節以短文案為主軸，來探討銷售短文案對你有什麼好處、為何學好銷售短文案如此重要以及如何抓住消費者的眼球。

　　銷售短文案的好處有哪些呢？第一、省錢；第二、可以投石問路；第三、非常靈活。現在我們依序來拆解它。

 ## 短文案的好處有哪些？

1 省錢

　　早期我們做銷售的時候，不管賣什麼產品，都會做銷售頁，但是，做銷售頁要不要花錢？要，那大家有沒有概念，做一個銷售頁要花多少錢？答案是由三個要素做決定：

- **內容量**：你的內容如果是一個版寬或兩個版寬，什麼叫做版寬？就是你手機一個滿頻就是一個版，你了解嗎？那要滑兩個滿版，就是兩個版。而你會需要滑的版面高度就是用來計

價，因為寬度是固定的，高度為變量，懂嗎？高度越高，設計費越貴。

- **精緻度**：就好像今天你要請人家幫你抹一面牆，馬馬虎虎的抹，也是抹完一面牆，很精緻的去刷，刷油漆、粉光、貼壁磚也是把一面牆給弄好嘛！精緻程度會影響到設計費。

- **提供什麼資料給對方**：有些案主提供給我們資料，照片很精美甚至有精美的小插圖，我們只要拿來排一排就可以放上去，這時候我們的報價就可以比較低一點。但是有些案主呢？照片也沒拍，文字也很粗糙，然後也沒有任何可用的元素，我們幾乎從每一個小插圖，都要重新設計，甚至連產品照都要幫他重拍，從內容的定位到構想，整個都要重新弄，這樣費用就會收得貴一點。

所以如果你是案主，希望你的設計師可以幫你把設計費壓低一點的話，就把內容準備的比較充分一點，他給你的報價就會比較低。那目前來說，價位大概可以落到五千～兩萬之間，月薪計價，但這不是標準價，有些設計師會報價低於五千有的會高於兩萬，大家就是心裡有個譜就好。好，我們接著往下講，如果我們先假設有五千塊來說，假如我要賣一隻滑鼠，而且我只是把家裡的這一隻滑鼠賣掉，並也沒有第二隻滑鼠要賣，就花這五千塊錢請人家設計一個銷售頁來賣滑鼠，感覺好像沒必要對不對？因為設計一個費用就花了五千塊，可是我賣

掉了一隻滑鼠，又賺不到五千塊，划不來。所以說如果我只是要賣一個滑鼠鍵盤，想把家裡的二手貨出清，就可以用短文案解決，短文案就不會產生設計費。

2 投石問路

我再舉個例子，假設我現在要賣一個環型燈，可以先寫個短文案，問看看我的朋友們，有沒有對買環型燈有興趣，如果有一堆人說有興趣，那我再做銷售頁還來得及。所以銷售短文案很適合在做商場，有一點像市場調查，先寫一個短文，對你我來說可能不會花很多時間，因為對我來說，寫短文案已經是身經千戰，花個 5 分鐘或 10 分鐘，就可以寫完。所以現在對我而言，即便在精神狀態不是很好，三更半夜、凌晨已經很睏的情況下，我都能夠在 5 分鐘到 10 分鐘之內創造出一個品質還不錯的短文案。但這需要日積月累去練，一般在創作過程當中，最容易遇到一個問題就是沒靈感寫不出來，就像張惠妹有一首歌叫〈哭不出來〉，大部分都會碰到這樣的狀況，這是為什麼呢？因為你們強迫自己不得不寫的經驗還不夠多，如果你像我一樣，常常就是不管寫得好不好都得寫出來，你自然就會排除掉沒靈感這問題。人啊，在年歲漸漸大的時候，莫名奇妙寫作魂就上身，然後啪啪啪把文案寫出來，所以我們在花更多成本賣商品前，可以先寫一個短文案出來投石問路。

③ 非常靈活

　　這是我最欣賞短文案的一點，也就是為什麼現在如此積極的想要跟你分享短文案，因為短文案幾乎可以跟任何東西做搭配，你了解嗎？就好像我們做料理有時候會放蔥，然後蔥可以跟什麼料理做搭配？幾乎是任何料理。除非是不吃蔥的，否則你做雞肉、豬肉、牛肉、魚肉或者你做素菜都可以加蔥對不對？所以蔥看似不起眼，可是它可以跟任何菜做搭配，並且提升那道菜的美味程度。在我看來，銷售短文案就有一點像料理裡面的蔥。

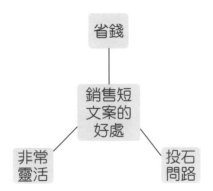

　　現在我們在談一個概念叫做行銷骨牌陣，大家記一下，這是屬於高階文案課程內容，我會把一些，原本是我過去在高階文案課程上，才會使用一些專有名詞，在這本書跟大家分享。所以知識濃度會有一點深，大家會有很多收穫，但是在學習上面可能會比較有負擔一點，這是你想要的嗎？我知道行銷骨牌陣對有些人需要花一點心思去理解它。行銷骨牌陣指得是將行

銷比喻成多米諾骨牌，一個骨牌推倒下一個骨牌，然後就啪啪啪達到你最後要的目的，也就是成交收錢或是照顧到合夥人，這就叫行銷骨牌陣。

所以請不要再用過往的單一思維去理解每一個行銷工具，比如說我做YouTube，我就只專注在YouTube，我做微信，我就專注在微信。No，其實行銷並不是單一工具去發揮作用，而是組合起來發揮作用。比如說你可能寫一個短文案邀請消費者去看你的 YouTube 頻道，而 YouTube 影片結尾再跟大家講說，我做了一個銷售頁，但銷售頁是我們內部的名詞，你如果真的錄製 YouTube 影片的時候，千萬不要對著你的網友說：「我做一個銷售頁」人家嚇都嚇死了，誰有興趣去點你的銷售頁，誰熱愛被你推銷。所以你的用詞，要自己會做切換，了解嗎？因為現在是自己人，內部我們在講銷售頁，但是你到時真的錄製影片，要在影片說：「我把一個對這個商品的優缺點分析表做成一個網頁，如果你有興趣的話，請點影片下方描述欄，看我為你做的分析表。」這樣消費者比較願意去點。

有時同樣一件事，你用什麼詞彙去講這件事情，會讓人家的感受差很大。「我做一個銷售頁，請你去點它」消費者又不點了，感覺就好像項羽對劉邦說：「你來我家吧！你來的話我就要幹掉你，我埋伏了刀劍手要殺你。」劉邦再傻也不會去，所以項羽說：「我在家準備了一桌好酒菜，來我家吃飯吧！」劉邦就算覺得這一桌飯應該不是那麼單純，他還是得去你懂

嗎？類似這樣子。所以如果把行銷說是一個骨牌陣的話，銷售短文案非常適合當你的第一道骨牌，這個待會兒我會解釋原因。而且我也認為銷售短文案，也值得是你最重要的骨牌，不用懷疑。

為什麼銷售短文案很重要？

我們再回到骨牌陣的概念來思考這件事情，如果咱們說，骨牌是一張一張推倒下一張骨牌，假設最後一張骨牌叫成交好了，請問一下，如果第一張骨牌沒有倒下，那麼第二張骨牌會不會倒？不會嘛！假設第三張骨牌叫做銷售頁，第二張叫做YouTube影片，第一張叫做短文案。就算你的銷售頁做得很精美，花了二萬塊，請最厲害的設計師，設計了一個非常精緻的好看的銷售頁；你的第二個骨牌，請了非常厲害的攝影師、燈光師、道具師，然後請了一個網紅跟你一起同框入鏡拍了非常棒的影片。你的第二張骨牌、第三張骨牌都很優秀，只有一個問題，你的短文案，不吸引人，人家逛你的臉書之後，他根本沒有因為那篇短文案，點下面連結，去看你 YouTube 影片，是不是後續一切的精心布置都如同泡沫一般沒有發生作用？所以如果你聽懂我在說什麼的話，你就會明白為什麼我跟你說銷售短文案是最重要的。因為沒有第一張骨牌倒下來，你後面的骨牌全部都不會發生作用。這真的很重要，所以不要因為它短，就

很馬虎的想說：「隨便寫一寫，反正後面的東西做得很棒，去看了之後就知道了，去看了就會買」問題是消費者不一定會看啊！你的第三張骨牌不夠精彩，他根本就不會看，對不對？

3 要點，讓你抓住消費者眼球

注意力是最寶貴的資源

① 獲得注意力，才有消費力

你能夠獲得別人的注意力，你才有可能獲得別人的消費力。舉例，假設你經營服裝店，賣面膜、賣衣服、賣包包，如果你每次寄 DM、發簡報、發 LINE，給你的朋友、客戶、粉絲們，永遠不讀不回，連點開都不點開。你覺得你下次新品上架，他有可能去你的店裡買衣服？答案是會才有鬼，對不對？如果你是個保險業務員、房仲業務員，你 PO 個文，人家連按讚、留言都不來，你下次保單停賣，那是你家的事情，沒有人會跟你買。你的物件再好，注意力在你身上都不見得跟你買，何況注意力不在你身上，這有沒有像極了愛情。

親愛的朋友、親愛的同學，如果你現在談戀愛或者你已有一段婚姻，你的老公老婆，每天回到家他的視線都不在你身

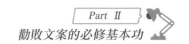

上，都在電腦螢幕上都在手機螢幕上面，時間到就去浴室刷牙洗臉，上床睡覺，隔天又是新的一天；回到家又繼續不把注意力放在你身上，你會不會覺得你的婚姻或者愛情開始有了危機感？你會不會覺得：見鬼了，老公／老婆都不看我了，他是不是心思變了？對啊！你要有危機意識耶！不要以為那張紙簽了就是保固一輩子，沒有這回事，你要開始有危機意識，老公／老婆都不看我了，對不對？對。所以談戀愛跟做行銷是一樣的啦！人家注意力在你身上，消費力就在你身上嘛！如果注意力不在你身上，你的另一伴，下次的消費力可能就在別人身上！

② 學會「頻繁」

那互聯網盛行之下，你有沒有發現注意力已經是個越來越稀薄化的稀缺資源，就像做那個核子彈、原子彈需要用到原料鈾，鈾是一個非常寶貴的礦物，所以你會看到電影很多駭客、特務啊，都在爭奪這個鈾，為什麼？因為鈾是那個地球上珍貴的礦物，它可以拿來生產原子彈或核子彈嘛！因為以前在的平臺、媒體訊息量沒有那麼大，所以人的注意力是很充沛的。大家下班可能回到家經過樓下的郵箱，會把郵箱裡面的很多傳單拿起來，然後有些信也會拿起來，回到家吃完晚飯後，泡個咖啡，一邊喝著咖啡，一邊打開信、打開雜誌、打開傳單，慢慢看，有興趣的多看一會兒，然後沒興趣的丟垃圾筒，以前的年代是這個樣子。可是現在有這樣子嗎？現在沒有，現在在信箱

裡面的那一些傳單，我不知道你是怎麼做啦！以我的話，拿起來之後幾乎是整疊連看都不看，在一樓直接丟掉，或是就快速翻過，撿 1、2 張帶回去，確認有我的信件，剩下就整個丟掉，連閱讀標題的機會都沒有，都不給他了。所以現在有太多人在搶奪我們的注意力。

想想看，現在可以在一天當中去搶占到你非工作以外的視線的媒體到底有哪些？非工作以外，比如說 YouTube 頻道，我們可能下班搭車花一點時間刷一下 YouTube 有沒有更新什麼的，抖音 TikTok、IG，還有 LINE 的群組也要關注一下，所以我們的注意力就好像一頭牛，被太多的繩子東拉西扯，而每一個平臺能被分配到的注意力都已經變得稀薄。在沒有充分的信任基礎之下，你要讓人們一下子給到很高的注意力，基本上是做不到的。舉個例子，假設現在想像你正在逛 YouTube 的首頁，有逛過 YouTube 首頁吧！YouTube 的首頁會有很多新的影片，有些是你訂閱的，有些是 YouTube 推薦給你的，它認為你可能會感興趣的。如果你看到有一個 YouTube 新上架的影片，時間為 30 分鐘，請問，你會不會去點那個影片？答案是不一定，為什麼？看那個 YouTuber 是誰嘛！如果 YouTuber 是你不熟的，30 分鐘哪會想看，除非那個標題太吸引人，否則，原則上你是不看的對不對？但是，如果這個 YouTuber 是一個你很信任、熟悉的人，你過去已經 follow 他一段時間，他每次做的內容都有料，比如像威廉老師，這個時候他過去的影片都是 15～20 分鐘，可

是這一次這個YouTube更新的影片是 30 分鐘，你會不會去點它？
答案是機率比較大，我不是說保證一定會，如果說你現在剛好
有足夠的空檔，你可能就會去點，但是你為什麼去點？是因為
你已經有信任基礎，是跟他發生鏈結，對不對？所以你要明
白，跟我們熟的人不會有那麼多，大部分都跟我們完全不熟，
要不然就是半生不熟。而對於跟我們這些不熟的人，他只會願
意先給我們一點點的機會：「來，我給你 5 分鐘，你說說看，
看看你能給我什麼好東西，如果這 5 分鐘，你給我的東西夠
好，夠有料，夠有趣，夠性感，那麼我下次就給你 10 分鐘；
下次 10 分鐘，你又給我很有趣很好玩的很有價值的資訊，我
就願意在給你 20 分鐘。」所以我們必須要使用成功有效的方
法，來，記住喔！這太重要了，很多人還不能理解，包含那些
過去做行銷、做銷售，做一、二十年的老師、業務戰將、業務
主管們，還是沒有發現這**最新行銷的趨勢，就是要學會頻繁**。
譬如說，三天一次，一週一次，甚至每天一次，這叫做頻繁，
了解齁？你不能夠一個月一次啊！一個月一次太不頻繁了，頻
繁很重要喔！每天或每二、三天一次，這叫頻繁。頻繁用很短
的時間，比如說，能用 30 分鐘就能做出一個少量資訊，這叫
做很短的時間，因為如果需要花你 3 天才生出一個短文案，那
我跟你講，完蛋了，你搞太久，變成這事無法持續產出。你必
須要訓練自己搞定一件事情，懂嗎？就像拍影片，如果你每次
拍影片，光是布置場景，就要布置 30 分鐘，我跟你講，你不

可能常常更新啦！你必須 2～3 分鐘搞定場景，就要開始拍片了，這樣影片才能常常更新。很短的時間很頻繁的產出，最重要的是少量的資訊，不要一下子給太多。

③ 短時間證明你給的價值……

　　每天給他看一點點，重點是你要跟他證明一件事情，**他花15 分鐘在你這邊，你能夠帶給他的價值（效果）是他透過別的途徑所獲得的 2 倍成效**。每個人之所以把時間用在別的事情上，一定會有他想獲得的價值，你懂嗎？一般人花錢在網路上，不外乎想獲得幾個價值，第一、他想要娛樂、舒壓、學習，這是一般在網路上獲的得目標，你能幫助他達到他要的目標，對他而言也就是價值了。如果你能夠向你的讀者、觀眾證明說：「你花 15 分鐘在我這邊，能夠給予你的價值或者叫效果，是你透過別的途徑去做這個事情的兩倍，或者是成本只要1/2。」那觀眾下次就會給到你30 分鐘，甚至一小時也沒有問題。

　　這樣聽你還是會有點模模糊糊對不對？我舉個案例，大家可能會更有感覺。我是個高強度工作者，因為我平均每天工作10 個小時以上，一週工作 6 天半，所以我的工作強度很高，因為工作強度很高，會容易身體累積疲勞。那疲勞要不要去代謝？要，所以我會去給人家做指壓，指壓套餐 90 分鐘，大概做一次要 1500 元。那我個性是比較節儉的人，以前都捨不得花錢去給人家按摩，因為我覺得，蛤～按一次 90 分鐘，要給人

家1500元好貴，可是我後來發現一件事情，人如果久久沒去按摩，身體的疲勞和倦怠一直沒有代謝掉，工作會越來越沒有精神，越沒有精神也就越沒效率，你認同嗎？但你不認同也無所謂，因為我也不是要推銷你，你去花錢給別人按摩，又不是我在賺，我只是跟大家分享我的心得。所以我後來發現不行，這個錢是必要的開銷，捨不得。因為我發現花1500元去按摩一下，好像隔天的工作效率會比平常的好上30%，那這1500元就太值得了，而且我接下來，不是只有那一天，是持續一週工作的效率都不錯。好，那你去想像一下，我過去可能每次按摩館，找的按摩師是編號11號的技師，因為我都記那個號碼牌──技師11號。接著呢？每次按摩那個疲勞代謝，感覺能夠支撐一個禮拜，於是我每個禮拜，花一次1500元，一個月我要花4次的1500元，固定找號碼牌11號的技師。有一次我去按摩館的時候，11號剛好請假，可能回南部或是怎麼樣，我就請那按摩館推薦別人，我人都來啦！然後他說：「11號不在，有22號，你要不要找他試看看？」我說：「好啊！我人都來了，要不然就按看看。」結果呢？我發現22號按摩技師，我被他按完之後，身體輕鬆的感覺可以維持2個禮拜，也就是說我只需要過2個禮拜再按摩一次，等於說我過去一個月要花6000塊，因為一個禮拜4次嘛！現在如果找22號的話，只需要一個月花3000塊，因為二個禮拜去按一次，那個疲勞感覺就可以代謝掉了。請問我下次去按摩館，我會找11還是找22？

　　我是拿按摩來跟你做舉例，再舉一例，如果過去你原本都是在觀注別的 YouTuber，每個 YouTuber 都是做影片 15 分鐘，但是裡面就是灌水、哈拉、打屁很多，但是如果你的知識濃度比較高（比如，威廉老師講課的知識濃度也蠻高的），你發現聽另外一個新的 YouTuber，聽他 15 分鐘，所獲的得知識，比聽別人的 YouTube 講 30 分鐘內容還有料，下次原本的 YouTuber 發新影片時你就不去看了對不對？其實這跟按摩是一樣的啊！YouTube、講師、按摩師某部分來說他的邏輯是一樣的，你要讓新粉絲關注你，就是要能夠**用很短的時間去證明你給得東西比別人更多**。

3　短文案自動賺錢系統

上一小節，跟各位介紹了短文案的重要性，以及透過短文案向你分享如何利用文案吸引消費者的注意力。而這一小節主要是說明如何架構短文案賺錢的系統，和探討一般人 PO 文成效不佳的原因。你準備好了嗎？Ready , go！

短文案黃金組合拳

我盡量簡化到你很好理解的程度，我們來講一下，第一個部分就是產品。不知道你有沒有產品？就是如果你要賺錢的話，最好理解的就是你要有個產品嘛！如果產品這一塊，你已經解決了，事情就容易多了。接著我們看第二件事，就是你要寫一段短的文案，所以第二個是文案，好，把它寫出來。那第三個是什麼？PO 文，你寫好之後，你要把它 PO 出去嘛！你都寫好了，你不 PO 出去，那也不會變成錢，對不對？我講個小故事啦！

產品＋短文案＋PO 文＝？

在很久很久以前，我曾經喜歡上某個女孩子，我也說過，我原始個性是屬於內向害羞的嘛！所以說我喜歡上那個女生，每個晚上，就以那個女生為收信的對象，寫了很多情書。但是，當時太害羞了，而且我怕被拒絕，被拒絕的話就覺得很尷尬，所以我就沒有把那個情書寄給她，我甚至也沒有透過任何人去轉交給那個女生，情書寫好就是放在我的抽屜裡面。請你猜猜看，產品就是我自己，然後我的文案就是我的情書，但是我有了產品，也有了文案，最後我並沒有把情書寄給那個人，沒有做第三個動作——PO文，後來我有沒有追到那個女生？答案是沒有。因為女生總是會有女生的矜持嘛！就算你人再好，情書寫好你也不 PO 給他，要女生主動跟你告白：「我看得出來你喜歡我喔！這樣子咱們也別矯情，就在一起吧！」這個事情也很難發生，對不對？好啦！所以最後我也沒有跟她在一起，直到多年以前，我們還是好朋友，我終於有勇氣跟她聊：「欸，妳知道嗎？其實，很久很久以前我曾經喜歡過妳」她說：「真的嗎？你有喜歡過我喔！我怎麼從來都沒有發現過，你是開玩笑的嗎？」我說：「我是認真的。」她說：「你你你騙我，你喜歡我，完全沒有感覺。」我說：「對啊！我掩飾得很好。」她說：「你一定是開玩笑的，對不對？今天又不是愚人節。」我說：「我證明給你看，拿我當年寫過的情書，我還有存檔，可以呼叫給妳看。」她一看傻眼：「你是真得有喜歡過我喔？」我說：「對啊！只是當年的我太害羞了，只敢默默

的寫好保存起來，沒有寄給妳的勇氣。」她說：「你怎麼不早說，其實當年我也對你蠻有意思的。」我說：「真的嗎？我怎麼看不出來？」她說：「對啊！女生也會有女生的矜持啊！我喜歡你也不一定要讓你看出來對不對？」那我說：「如果我當年把情書給妳，會發生什麼事情？」她說：「那還用說，既然你喜歡我，我也喜歡你，而且你情書寫的這麼感人，當時，如果你有把情書寄給我，我們肯定就在一起了。」我把我的過去的故事跟你們分享，只是要跟你們講有的時候，我們都會害怕行動，怕達不到我們想要的結果，對不對？就像我寫好情書，怕丟出去得不到我想要的結果，我寫一則文，我也怕寫好之後，賣不掉。像周星馳電影說的：「曾經有一份真摯的愛情，但我錯過它。」也許當時情書寄出去，我們在一起，可能會享受一段很甜美的戀愛。記住，**如果你害怕行動後得不到你想要的結果，那麼你行動之後所能產生最壞的結果跟你不行動是一樣的**。但是你行動了，也有可能得到好的結果，對不對？就像當初如果我情書寄給她了，最壞的結果就是我們沒有在一起，可是也有可能在一起，對吧？事後證明當初她也是喜歡我，只是當時我不知道嘛！我猜正在閱讀本書的你，說不定也有跟當初的我一樣，內心也會有一道坎。你手上有一個很好的產品，也許是一個很棒的筆，也許是一個很棒的手錶，也許是一個很好的馬克杯，anyway，你甚至也動筆寫一篇文了，只是它存在你電腦的硬碟裡面，你沒有勇氣PO文，因為你怕PO文，被你

的朋友討厭，對不對？所以才有一本書叫做人要有《被討厭的勇氣》。但是我不是鼓勵你去當一個很白目被人很討厭的人，討厭如果無法替代價值的話，就沒有意義可言。可是被討厭的可能性，換來你可以把一個有價值的產品賣出去，改善人們生活的機會，那麼你為什麼不去試看看？所以我花了這些篇幅在講 PO 文的事是有意義的，因為心態其實很重要。而產品、短文案、PO 文這三個加起來等於什麼？等於賺錢啊！如果這三個都做了，做得還不錯，基本上你應該會有源源不絕的錢。來，我們了解完底層基本邏輯，之後再接著往下看。

組合拳有很多種可能性：

- 組合 1【產品＋短文案＋你說有意願想買的請留言或私訊給我】：如果有人留言給你，你不就賺到錢了？比如說，今天我要賣這支手機，寫了一篇短文案 PO 出去，並在文末寫：「如果有興趣跟我買手機的請留言或私訊給我，我們再約時間面交。」有意者，就真的跟他碰面，把手機交給他，他就把錢給我，我就有錢嘛！夠簡單吧！不複雜。
- 組合 2【產品＋短文案＋付款連結（或者叫付款帳號也可以）】：比如說遠距離，我在高雄，不能跟消費者面交，那就在短文案中載明：「轉帳給我或者點付款連結」。
- 組合 3：產品＋短文案＋銷售＝錢
- 組合 4：產品＋短文案＋直播帶貨＝錢

- 組合 5：產品＋短文案＋引流去 YT 看影片＝錢
- 組合 6：還有很多很多講不完啦！

從組合 6 以後的我就不要細說，因為有無窮個組合，等待你去拼湊看看有幾個，可以組合出很多個變化效果。我目前自己實驗過有效能賺錢組合，就超過 18 種。

一般人 PO 文成效不佳的原因

接著我們繼續講，一般人 PO 文成效不佳的原因：

1 沒有放自己的大頭照

這個很重要，千萬不要賣產品卻不願意放自己的照片。你要賣貨、賺別人的錢，為什麼連自己以真面目示人都不願意做？所以記住，一定要放自己的大頭照，我基本上不會跟一個不放自己大頭照的人賞產品。你有沒有這樣的經驗？就是有人用臉書加你好友，然後你決定要加好友之前，先去看他照片，然後發現他的照片是一片風景，有沒有？甚至有人放勵志格言，你看了會不會想加他好友？不一定嘛！就算你加好友，會不會跟他買東西？基本上機率不大，所以記住，要放大頭照。

2 雖然有放，但是品質不佳的照片

　　威廉老師犧牲很大，犧牲色相你知道嗎？為了讓你徹底覺悟到照片有多重要，我把我過去的醜陋一面拿來給你看，來，你們看左邊這一張照片跟中間這一張照片與最右邊這一張照片，大家一起來看一下。基本上左邊這個，你看得出來他是誰嗎？來，猜猜看，左邊是誰？對，就是我，你大概會想：「看到鬼勒！老師這是你喔！不像。」仔細看看，真的是我，他是很多年前的我。所以我有時會說，很多年前的我其實比較醜，我從年輕的時候，比較醜，然後比較好看是後來的事情，是吧！這不是謙虛，我年輕的時候是比較醜，所以我才說年輕的時候願意當我女朋友的，真的是慈悲為懷，我佛慈悲，真的很感謝她們，蠻慈悲的。假設一下，今天我是一個賣課程的人，也是可能會買課程投資在自己腦袋裡的學生，你覺得左、中、右哪一個人的大頭照你比較會願意看著他的文章去點那個連結

去看他的銷售頁？我想很多人都會點右邊嘛！這意味著，我就算寫出一模一樣的短文案，都是要引導你去看我的課程報名頁，可是如果我放左邊跟中間的大頭貼，你可能連我的短文案都不去點，所以照片有沒有很重要？非常的重要。拜託各位同學，如果你真的想要讓我的技術在你身上發光發熱跟賺錢的話，請你一定要願意幫自己放一張好的照片，因為你既然跟我學技術，我也希望我的技術能為你帶來價值，而不是只有帶來歡樂，聽聽好玩而已。我也希望你在讀完本書之後，你去使用它賺到錢，來跟我回報好消息。

③ 沒有放到對的版頭

什麼叫錯誤的版頭？你去看看臉書上面那一塊橫橫的大圖片，那個就是版頭。很多人放生活照對不對？那是不對的，我看到很多人做直銷的做微商的，他們會去放團隊大合照，有看

過嗎？如果你有看過的話，可以想像，如果你有看到臉書有一個朋友，他的版頭是放團隊大合照，如果你跟他不是很熟，你也不知道上線下線或旁線，你跟他就是一個半生不熟的網友，看他放團隊大合照，你會有什麼樣的內心反應？好，我假設幾種狀況：

- 狀況一：這個好棒好厲害喔！剛好我想做直銷耶！我要不要私訊他，他是做哪一家？看我能不能加入。
- 狀況二：直銷好討厭喔！看得好煩，不要看，快速滑過，頂多就是不解除好友，但我也不會想多了解。
- 狀況三：反感。聽到直銷就不喜歡，莫名奇妙討厭。
- 狀況四：無感。

　　來，我們一起來互動一下，你覺得你是狀況一、二、三、四哪一種？反正我自己的猜想，狀況一的人應該是少之又少。很少會因為看你的團隊，會覺得：哇～好多人喔！人山人海，就應該趕快來了解一下，所以這跟很多人做直銷的想法是不一樣的。你以為放團體照片對你有加分，其實不但沒加分，反而是扣分，別人看了要不就討厭，要不就無感，要不就是anyway，幾乎我很少看到狀況一。或許你會想：「可是這是上線教我的啊！不是上線教我們要替換？」我跟你講，上線不是要害你，上線也不是不愛你，只是上線自己也不知道他這麼做是無效

的，是錯誤的方法。他只能把自己已知不對的方法或是過去有效，但現在無效的方法，告訴你而已。

那什麼是正確的版頭？來，我跟你聊一下，正確的版頭應該要達到一定的效果：讓看到的人覺得好像有點厲害，且如果跟這個人親近的話，**似乎可以帶來某些好處**。記住喔！人都是自私的，站在一個陌生人的立場上，他花時間多跟你互動一秒鐘，把注意力放在你這邊多放個五分鐘，對他不會帶來好處的話，請問他為什麼要多逛一下你的版面？沒必要嘛！除非你是個正妹，常常都在你的版面露長輩，對他而言，他逛你版面的好處就是他可以看到一些清涼、養眼的照片，但如果你又不是走那個路線的，你的版頭做這個事情，好像沒好處，對不對？所以你要如何知道你的版頭是正確的還是錯誤的，就用這樣的標準去檢視就能得到答案。

④ 沒放對於經營個人品牌有幫助的 PO 文

有的時候我放一些文章，並不是要求很多人按讚，也不是要求很多人留言，大家記住，不要有 PO 文一定要很多人按讚或留言的迷思。我常常看到很多妹子，她的版面動不動 PO 個文，比如說，就是賣個萌，吃冰淇淋，托托腮，然後說：「天氣變冷了，還可以吃冰淇淋嗎？好煩惱喔！大家說呢？」她PO一個賣萌的照片，沒有任何營養價值可言，可是底下三百多個留言，你懂嗎？然後可能你認真寫一篇文，非常有知識、有營

養價值而且你的學位還是 PhD 是個博士，結果底下只有 3 個人留言……。但是不要為了爭取很多人的留言，你也去露個長輩，然後托個腮賣萌裝可愛，因為其實你個人品牌更重要。如果你去看我的留言數，我並不是認識所有朋友當中，留言最多的，你可能認識隨便一個比我年輕比我漂亮比我性感的一個小妹妹，她 PO 的文都比這個網路其他大師留言數還更多，可是我們追求的是什麼？你內心要有個定鑑，我的定鑑是一、PO 文替別人帶來知識、成長；二、替我帶來收入，這兩件事情，總是一定要發生一件事情嘛！如果我 PO 的文，既沒有知識，也沒有加深你對我的信任感，也沒有替我帶來收入的話，那我的 PO 文就算是有一千個人按讚或留言，對我而言並沒有任何意義。

所以不要一味的追求很多人的留言，一千個人留言，不如有 500 塊轉進帳戶。如果一千個留言，結果你一塊錢都沒賺到，那除非你不缺錢，對不對？我是缺錢經驗太豐富了，我這個人太務實了，你也可以說我很現實。

5 不敢賣

我前面說你要有銷售的勇氣，就像我當年也寫情書，寫出一拖拉庫的情書，不敢寄啊！對不對，那結果是什麼？你去想像，今天如果你去寫一則文，想推一個很棒的產品，而你不敢 PO，有沒有可能發生跟我一樣的遺憾？多年之後，你跟某個朋友，在咖啡廳喝咖啡的時候說：「當年我有一個好產品，可以

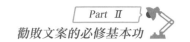

逆齡、凍齡、抗癌。」他說：「當初你怎麼不跟我講，我家裡就有親人得癌症，當時你怎麼不跟我分享那個產品，我很需要，如果你當時 PO 文，我就跟你買了。」有沒有這種可能？有啊！如果你賣保險時說：「其實我當年有做保險，只是我很低調，不好意思在臉書上公開我做保險，因為我知道很多人都討厭保險。」然後呢？「因為我就只想當一個好人，只想當一個受歡迎的人，所以我都不敢說我是在做保險的。」結果你的朋友多年之後跟你喝咖啡時說：「你怎麼不跟我說，我當年就在找終生醫療險，你 PO 了我就跟你買了。咱們是多年的好朋友，我不跟你買，我跟別人買也沒有必要啊！你跟我說，我就跟你買啦！」對啊！所以不要不敢賣，OK？

⑥ 不要急

我們要賣，但要適度賣，不要過度刷屏。你不要一個禮拜天天都賣，然後每天都 PO 一堆產品，沒有半點娛樂性跟知識性。記住，我們PO文要兼顧幾件事情：第一，有產品。第二，有娛樂性。第三要有知識性。最好這三件事情輪流好不好？

有產品，有娛樂性，有知識性。

你也不要一天到晚都在分享知識，如果你有在關注我的版，你會發現，其實我是一個很致力於提供朋友們娛樂效果的

一個人，並不會因為我是個老師就擺出一副很有距離感的樣子，如果我每天跟你講什麼大道理，相信沒有人可以一直追下去啦！是啊！你很知識淵博，你很厲害，我知道，但我不看懂可不可以？那讓人很有壓力。大家現在工作壓力夠大了，對不對？如果不能從我這邊獲得一些療癒好玩的東西，說真的，就沒有人一直當粉絲。所以娛樂也很重要，其實會取悅人家就變成含金量蠻高蠻重要的能力。

除此之外，東西要能夠賣得成，只有20%取決於你怎麼去介紹你的產品，80%取決於這句話是誰說的嘛！一句話你說的，跟馬雲說的，影響力不一樣，對不對？一支口紅，小白說這口紅很好，可能只賣個二～三支，剩至一支都賣不掉。如果是威亞、李佳琦、大陸的直播甚至大咖，他這個口紅一～二千支就被秒殺完了。所以重點就是**你要如何讓別人認同你是個大咖**。

好啦，Part 2 介紹了什麼是銷售文案，也藉由銷售短文案跟你分享撰寫文案必須要注意的地方，以及如何使用文案架構自動賺錢系統，為後續本書的精華——Part 3 作個鋪陳。下個章節會詳細的說明幾個常用的文案該如何寫，以及該去哪些地方將文案兌現，敬請拭目以待！

銷售文案應用煉金術

 1 煉金 Tips 1：
短文案變現

　　好的，上一個章節我們已經將文案力的底子打厚了，接下來這個章節會教各位多種銷售文案的技巧，以及實作練習甚至是文案變現的方法和管道！要知道文案並不是硬梆梆的理論文學，而是讓我們能夠賺錢的工具，所以擁有文案力就等同於掌握自動化賺錢的技術！那怎麼樣才能用有這項技術呢？當然就是在學習文案技巧的同時，保持每日的實作練習。

　　然而，依據不同的目的、結果，所適用的文案就有所不同，換句話說，你希望呈現什麼樣的成果，就要使用能夠達到這個目標的文案。比方說，你希望一封訊息丟給一群人，讓他們因為這個訊息而購買你的商品，那你就得學會短文案；如果你想要讓顧客相信你的商品是值得花錢的，那就得熟用顧客見證文的撰寫技巧。所以，這個章節我會教大家常用的幾種文案型式寫法，當你想要使用其中一個型式的文案寫法時，就可以查找目錄，回來溫習。接下來要來學的是短文案的撰寫技巧。

 ## 撰寫短文案的 7 大 Point

 **1** **怎麼寫**

有用要建立在無用之上。

這句話的意思就是平常我們的銷售建立在不銷售之上。像我自己平常在經營臉書，可能每天都會寫些好玩有趣的文案勾引潛在客群的眼球，看似沒有在賣東西的樣子。你知道為什麼要這麼做嗎？這是為我之後的銷售鋪路。有時候我們站在這塊地板腳踩的面積只有這麼小塊，理論上只有那兩小塊跟我有關係，對不對？可是這兩小塊的面積旁邊有沒有別的地板？有！其他的地板雖然我們踩不到，它有沒有作用？有，因為是那些我們踩不到的地板，正在支撐著我們踩到那塊地板，是能夠承受力道的，這叫「有用建立在無用之上」。

2 誠實很重要

如果我現在要賣給你這臺筆電，它的性能並沒有瑕疵，但是背後角落是有點小瑕疵的。請問我要不要在文案中主動跟你說明這件事情？還是選擇避重就輕？過去我們都覺得賣產品要隱惡揚善嘛！盡量去凸顯優點，避開缺點。我不能說那樣錯，但是我想跟你分享我的想法是：**缺點要主動講**。為什麼？如果我不講，這件事永遠不會被發現，那我大可以選擇性不講，對不對？但是，這臺筆電終究是會交貨的啊！而且我也不希望只跟你做一次性的買賣！我希望我們做的是長久的買賣，你跟我

買一次這東西，覺得不錯，以後會再跟我買第二次，才會累積回頭客嘛！若每個客人都只跟我買一次，下次不買，那我是不是很辛苦，每個月都要去開發新的陌生客戶，對不對？對啊！而且你買一次不好，會跟別人講，品牌就很難建立起來了。所以若是筆電有瑕疵，我就會跟你說這筆電有瑕疵，比如說我今天要賣一個螢幕，這個螢幕的底盤有刮痕，我就會跟你講，底盤有刮痕，甚至我還會把那刮痕的地方拍照給你看，說有刮痕但是不嚴重，而且不影響使用，可以算你便宜一點，你能夠接受再買，不能接受也不勉強，顧客反而會覺得你誠實。

③ 標題要有重量感

標題是一個文案的重中之重，你不能讓這標題給顧客感覺到輕描淡寫。我很喜歡一個作家，這個作家寫一本書叫《文案力》，蠻值得看的。他說你去想像這個標題飄浮在半空中，你去想像這個標題感受一下，這個標題有重量嗎？有分量嗎？如果你覺得這個標題沒有重量感的話，那它不夠成為一個好標題。

④ 適度的使用標點符號或者是表情圖案

這個也蠻重要的，如果你一個文案從頭到尾都沒有標點符號，會讓人家讀起來很累、很吃力。若是從來都沒有表情圖案，會讓人家覺得不是那麼親切。那，什麼是一個好的文案呢？在此跟你分享我對好文案的理解，一個好的文案，必須要

讓你覺得正在跟一個相識多年、可靠可愛的好朋友一起喝咖啡或喝酒，一邊閒聊，有點像是這種感覺。

文案給人的形象絕對不要像一個陌生、劍拔弩張、咄咄逼人，很精明強悍的業務員，拼命地推銷一個產品。那麼，這就不是一個好的文案。我們並不是永遠只會跟那個穿著名牌西裝開著保持捷或 BMW，有錢的業務員買東西。有時候那業務員看起來東西都很高檔，你不一定要跟他買，我有錢不跟你買，總可以吧！可是有時候你會跟一個人買，是開著一臺小破車，不一定很破啦！他穿著打扮就是一般西裝，也不是特別的名牌，可是你很信賴，像是你的好朋友，反而最後你是跟他買的。也許他講話不是最華麗的，也沒有學過很多的話術，可是你相信他這個人不會害你，你覺得他說的話是實話，而另外一個不管是賣保險或賣房子，他打扮的很漂亮、戴著 LV 包，你卻覺得他講的東西不見得如他所講的那麼厲害或可靠，最後你會帶著一點懷疑跟疑惑找別人簽單，對不對？由此可見，我們都希望跟我們談話的對象如同真誠的老朋友。

❺ 在文案中添入一些顏色

在一些關鍵詞上使用半形的「#」會產生變色效果，大家如果用臉書就會發現：那個「#」必須跟上一個字有一個空白，變色效果才會產生，如果跟上一個字黏在一起，它就不會變色。你必須在文案中，適度的加入不一樣的顏色，這樣消費者

比較容易看得下去。從頭到尾若都是單一顏色的話，會看起來有點乏味單調。

6 有溫度

　　文案中最好是有一些你跟這個產品發生過什麼的故事。人們都是討厭被推銷的，可是人們從小、從遠古就喜歡聽故事，這是人們寫在基因裡面的特性，在遠古大家晚上就是圍在一個火爐，然後就開始聽長輩講故事，我們的文化就是這樣傳承下來，所以最好講一些故事讓消費者感受到溫度，這個之後會有很多案例跟你們分享。

7 適當地使用一些口語助詞

　　我會有一些內心對話，比如說：「蛤、呢、啊、呀、喔」，這些都是口語助詞，你懂嗎？我本是高雄人，咱們南部人有一些口語助詞是「幹」，但我久久才會使用到這個詞，不會過度使用，因為有些人聽到這個字會覺得有點野蠻。不過，有些人常常講幹這個字，是沒有關係的，比如像館長，他講再多的幹，粉絲也不會討厭他。但是我可能偶爾會講一次這個詞，不會很常，因為這跟我的「人格設定」比較不吻合。每個人會喜歡你都會有一些原因，才會被你吸引而來，比如說喜歡我的粉絲跟喜歡館長的粉絲是不同的群體。但如果我看到館長那樣受歡迎，硬要去模仿他這個不適合我的人格設定，變得幹話連

篇，我可能就會流失掉一些 follow 我的粉絲，這樣了解嗎？女生可以講嗎？也是可以，不過我有看過，有很多女生的講話之大膽，是比男生更大膽，尤其是很多年輕的 90 後或者是 00 後。但是，到底你要怎麼使用這些語助詞呢？**這關乎到：第一、你要賣什麼；第二、你想包裝什麼人格設定。**就像有一個男生叫做小哥哥艾里，他的內容也是很 excited，就是有很多跟性有關的詞彙，那他也會有他的粉絲，但那不是我要走的，因為我的粉絲跟我的受眾不是走那個路線，我就算把那個路線經營成功，對我的事業跟收入也沒有幫助。所以，回歸到第一、你要賣什麼？什麼樣的人會跟你買？那你為了吸引這些會跟你買產品的人，要經營出什麼樣的人格設定，這樣明白嗎？但你的人格設定最好跟真實越吻合越好，因為真實的你不是那樣的你，你卻為了賣產品，去演出一個完全不像你的人，到後來會覺得很彆扭、會不自然。比如說，我基本上是一個真正熱愛分享知識的人，這是我的本性。如果我不是真的發自內心喜歡分享知識，只是為了賺錢而演出了這個人格的話，你們就會在螢幕面前看到一個很彆扭的我，就是很假的我。而我跟你們講，人都不笨啦！如果你假假的，觀眾都是會發現的，這跟學歷沒有關係，一個哪怕只有國小、國中畢業的人都會看出來你這個人假假的。這樣了解我在說什麼喔！如果你是個假的，人家就不會跟你買貨。因為假人會賣什麼貨？賣假貨。人都不真誠了，人家哪還會相信你賣真貨，對不對？

善用工具，打造文字印鈔機

好，我們聊一下，短文案要去哪裡 PO？我們學文案就是想賺錢嘛！但是你得知道將文案輸出、曝光的地方，才有機會能夠將短文案變現呀！所以這裡我分享幾個 PO 短文案的地方給你：

文案發布平臺		
網媒	紙媒	戶外媒
臉書	DM	高速公路上的 T 霸
LLNE 群組、LINE@	海報	燈箱廣告（捷運站內）
粉專	雜誌、書	

1 臉書

臉書裡有哪些地方可以 PO 呢？

威廉老師
FB

* 動態消息：這個是常用的，我就不解釋。
* 限時動態：限時動態觸擊率會比一般動態消息高一點點。可是它的有效時間是 24 小時，所以我會建議你的限時動態，也是要 PO 一 PO。但是限時動態是不是要賣產品？我認為限時動態不要天天賣，偶爾賣就好。限時動態比較像我們把人們的注意力抓取過來的骨牌前骨牌。這句話很妙，也不在我的課程講義裡，感謝有這麼多優

質的學習者，也就是你們，激發我的一種狀態去寫出一些原本沒有預期要寫進這本書裡的內容。言歸正傳，**我們把限時動態，叫做第一道骨牌前的骨牌**。因為人們看了你的限動後被吸引，所以跑去看你的動態消息，然後就把很多原本沒有要買的東西就順便買了。

- Marketplace：我不知道大家有沒有用過 Marketplace，如果沒有，去用一下，因為它好好用喔！我最近在Marketplace賣掉好多東西。沒有用過的話看完這本書快去用一下，因為我在這裡獲得大概五千次的曝光。如果我們按照慣例，廣告一次曝光要 3 塊錢，五千次曝光等於要一萬五千塊打廣告，才能獲得這些曝光，但是我在 Marketplace 一毛錢都沒花。

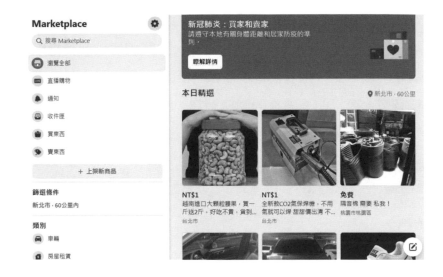

② Line 群組

　　像我住的社區有區分兩個群組，一個是社區住戶群組，還有一個社區住戶買賣專用群組。第一個群組是不能賣東西的，第二個群組是歡迎賣的。我要賣什麼東西就 PO 在我們社區群組，很多鄰居就會看，看到後就會跟我買。很好玩，我就搭電梯下去，在樓下就可以交易了。然後收到錢，我就回來繼續工作了，超好玩的。

　　再來還有蝦皮、微信朋友圈、部落客……。我先分享到這邊，未來如果有機會在我的課堂上相遇，我會跟你們分享更多，好不好？其實善用這幾個地方就可以賣掉東西了。

2 煉金 Tips 2：商品文案

前一陣子，有一位網友寫信給我，這位網友的英文名字有個J字，所以我簡稱叫做J小姐好了，J小姐的來信大致上是這樣寫的：

名師講堂 *Example*

親愛的威廉導師 您好

　　我叫JXXXX，是您的讀者，我有購買你的《完全網銷手冊》，讀完之後，我發現您對經營電商也頗有經驗，而且有著成功的實戰成績，而我目前也是在經營電商，開了一個蝦皮賣場，但是業績始終不太理想，平均一天都大概3～5筆訂單而已，有的時候甚至一整天都掛蛋。

　　我感覺自己目前好像遇到了瓶頸期，經營了幾個月，業績一直都沒有成長，看到您也有在開文案課程，教人如何寫文案，所以我想請問一下，您是否可以給我一些建議，像我這樣的電商新手，商品文案該怎麼寫，讓我能夠不再卡關，並且業績持續提升呢？謝謝

祝

桃李滿天下

您的忠實粉絲 JXXX 敬上

　　我覺得這個問題很棒,因為這應該也是許多讀者們,會遇到的問題之一吧!做為一個資深的文案工作者,就來分享一下,過去我是如何寫好商品文案,從一天原本也是 3～5 筆訂單,變成後來每天都穩穩有 20 筆訂單,甚至做到年營業額破千萬的一些商品文案思維與技巧吧。

3 大關鍵,教你寫出誘人文案

　　商品文案跟廣告文案要怎麼寫才能夠寫得好,給大家幾個關鍵思維,我覺得這有辦法幫助你能夠去弄懂這些事情。

1 有殺傷力的標題

　　首先,第一個關鍵,就是你要有一個充分的理由給閱讀的消費者,告訴他為什麼要繼續看下去。比如說從標題開始,他為什麼看到這個標題要繼續看下去,你要給他一個充分的理由。

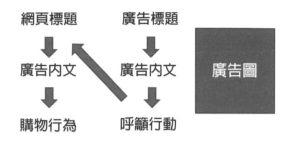

好，那我這邊也畫了一個圖形幫助你更容易了解這三大關鍵。一般人在網路上滑到臉書廣告的話，通常第一眼看到的會是什麼東西？是圖片還是文字？其實，廣告圖是最重要的，因為廣告圖是吸引客戶視覺會不會停留在那個廣告的首要關鍵。第二個關鍵就可能會來到標題。好，如果是關鍵字廣告的話就不會有廣告圖，消費者的視線會直接來到廣告標題。廣告標題要注意一件事情，就是**必須讓消費者覺得這東西是跟他有關聯性、有幫助的**。

標題可謂是一篇商品文案中的重中之重，它幾乎可以說是占據了50%你的電商文案會不會成功、能不能帶來訂單的關鍵要素，而剩下的其他要素全部加起來才占了另外的50％。

為何標題會這麼重要？首先我們要理解讀者的心智模式，他往往是到了一個網頁之後，先看標題，接著他會用不到5秒的時間，在內心思考，眼前的這一份資訊有沒有值得自己往下閱讀的價值？假如答案是肯定的，他就會啟動繼續往下閱讀下去的行為，倘若答案是否定的，他就會選擇把這個網頁打X關

閉掉，或跳過這份資訊繼續去在網路上逛逛看，有沒有其他更好玩或更性感的資訊可以消磨他的時間。

由於**我們只有 5 秒鐘的時間，可以讓讀者決定去或留，因此我又把這個稱之為「5 秒法則」**，也是我要送你的一個小禮物。未來當你寫好一篇商品文案，在你正式發布出去之前，請先做一個動作，**就是把自己的人格給抽離出去，接著裝進去另外一個人格，這個人格是你的潛在顧客的人格**。這個潛在顧客跟你的企業沒有半點交情，甚至過去也不認識你的產品，他只不過是剛剛幾秒鐘之前，才因為某個廣告，點進來銷售頁的一個訪客。

接著，你用這個潛在顧客的人格，看著剛剛你寫的商品文案，請用客觀的角度捫心自問，你會因為這個標題，在 5 秒鐘之內，決定繼續往下閱讀下去嗎？答案有兩種可能，第一種答案是 NO，你不會繼續讀下去。那麼，結果已經很明顯了吧，如果連你自己模擬的讀者人格都不會繼續讀下去，你又要如何指望你發布出去之後，真實的讀者讀到這個標題會往下閱讀？這樣的機率太渺茫了，還是重寫吧。

第二種可能性的答案是YES，但是這邊我們還要更細分兩種 YES，第一種 YES 是真正有效的 YES，也就是你的標題寫的是真的很好，而你帶入的模擬人格也給出了客觀的評價，這時候你的標題是有殺傷力的。第二種YES，我把它稱之為**無效的 YES**，什麼叫做無效的YES？就是你因為商品文案是自己寫的，

對自己的商品文案總是會有感情，因此分數給的不客觀，在自我感覺良好的影響下，你覺得這篇商品文案的標題是會讓你在5秒鐘之內繼續往下閱讀的。第二種YES其實對你沒有幫助，那純粹只是一種自我安慰而已，畢竟市場不會因為你自己覺得你的文案寫得很好，業績就真的變得很好。你的業績要真的變得很好只有一種途徑，就是你的商品文案是真的變好了，才有用。

而你要如何鑑定你的YES是有效的YES還是無效的YES？這其實也是有方法的。簡單來說，**就是針對客戶特質，以及廣告受眾屬性，下一個適合的廣告標題，然後再去追蹤訪客來到網頁之後的行為**，就能夠判斷出這樣的標題有沒有效囉。

那麼，有殺傷力的標題要怎麼做到呢？

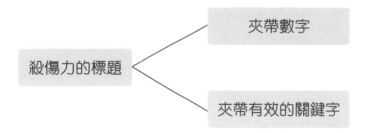

我這邊給你兩個很有效的建議，第一個建議是「**能夾帶數字，就盡量夾帶數字**」在標題裡面。

為什麼數字這麼重要？因為現代人都有一個普遍的恐懼，就是害怕浪費時間。我想很多人都有過一種經驗，就是看到一

篇文章，結果往下滑著滑著，看完之後，發現這篇文章讓他沒有收獲，完全就是浪費時間，這種感覺糟透了，我想你我都不喜歡這種感覺，對嗎？

畢竟，吸收資訊是會使用到時間的，而時間是一種機會成本，每一次被用來浪費在看一篇沒營養的文章、無趣的影片，

或者是與一個對你沒有帶來價值的人聊天，那些行為都消耗了你原本可以用來讀一篇有營養的文章、有趣的影片，或是能為你帶來價值的人相處交流的時間。

如果你能在標題就很明確的讓讀者知道，這篇商品文案即將有可能為你帶來什麼好處，或者解決客戶長久以來的某個痛點，他才會想要繼續往下閱讀下去。如果一個標題**既不能明示或暗示會帶來什麼好處，也無法解釋能替客戶帶走哪些壞處**，那麼這個標題就有很高的機率會是一個失敗的標題。

那麼，光是帶來好處就夠了嗎？當然不夠！你還得用數字來讓這個好處顯得更具體、更強而有力！舉例來說，如果我下個標題，叫做「如何撰寫商品文案的技巧」，這樣有提到好處了嗎？有的，但這樣的標題夠有力道嗎？答案是並沒有。那我將標題改成「掌握商品文案的撰寫技巧，你也可以讓訂單成長三倍！」，你可以在內心感受並且比較一下，哪一種標題會讓你比較有往下閱讀文章的念頭？我想大部分的人都會同意，「掌握商品文案的撰寫技巧，你也可以讓訂單成長三倍！」遠比「如何撰寫商品文案的技巧」這樣的標題，來的更吸引人往

下閱讀，對吧？

關於標題，我還有一個很重要，也很實用的建議要跟你分享。我當初光是使用了這個技巧，就立馬幫我的賣場業績成長了 30％以上，這個技巧就是「**夾帶有效的關鍵字**」。

首先你要有一個理解：你的潛在顧客是如何找到他需要的產品？大部分的時候，他會來到某個平臺，這個平臺也許是Google，也許是蝦皮，也有可能是淘寶。他會輸入某一個關鍵字去搜尋，然後這個平臺會列出許多搜尋的結果。舉例來說，一個想要買保健品的消費者，他就有可能在Google輸入保健品做為關鍵字去搜尋。這時候如果你的商品文案，沒有被出現在搜尋的結果上，那麼很抱歉，你OUT了，因為消費者如果連看都看不到你，他又怎麼可能跟你買你的產品或服務呢？

而我們要如何讓商品文案能夠出現在搜尋的結果上？這其中的因素有很多，不同的因素占的權重也不一樣，而**有一項因素占的權重是很高的，那就是「標題」**。試想看看，如果你的標題根本就不包含了保健品這個關鍵字，你又要如何指望消費者在Google搜尋保健品會找得到你？當然，我這邊是以保健品做舉例，如果你做的是其他的行業，不管是飾品的文案、食品的文案，或房地產的文案其運用的概念都是一樣的。

威廉老師
的 LINE

這裡順便提一件事情，關於怎麼讓搜尋的結果可以排在前面一點，這個技術叫做 SEO，這方

面威廉也有一些研究的心得，如果你想獲得威廉在這方面的研究心得，請關注一下我的LINE官方帳號，並且輸入@pkh8777e，關注完之後輸入SEO，我就會把一些SEO的相關資料給你。

現在回到剛剛說的問題，你要如何知道標題該夾帶哪些關鍵字才是有效的關鍵字？千萬別以為這個問題看很簡單，其實這個問題一點都不簡單，而且很多老闆就是死活搞不明白。首先要有一個基礎的理解，**潛在消費者多半不會用你的公司名或你的產品名去做搜尋**，這是為什麼？因為他還不認識你啊～他如果認識你，他早就是你的老顧客了。我有的時候會看到一種可笑的情景，就是老闆以為他的客戶都是搜尋A這樣的關鍵字來找到他的，但實際上這個行業裡面，客戶多半用的是B這樣的關鍵字在找產品，因此老闆或小編在文案標題上夾帶的標題是A，但是客戶永遠不會用A去搜尋，客戶用的是B。按照我的經驗，越是高知識份子、專業人士，例如醫生、律師、會計師一類的人物越容易犯下這樣的毛病。

例如有某一個醫生，他的專長是幫病患解決「神經系統疾病」，所以他們診所寫的文案從標題到內文，都一直提到神經系統疾病這樣的關鍵字，問題是他們的潛在消費者真的知道要用這個關鍵字去搜尋嗎？答案是不知道，因為消費者不專業啊，他們要是很專業的話，他們自己搞不好就是醫師了，就不用來看病了。所以消費者有可能用什麼關鍵字去找他們需要的醫生或診所？他們可能會用偏頭痛、中風、失憶症等文字去做搜尋。那

麼，到底要怎麼樣知道客戶都是用什麼關鍵字去找到你的？我這裡為你分享三個方法：

- 訪問客戶：第一個方法最簡單，就是問你的客戶就好了。每一次有新客戶下訂單了、寫信進來了、打電話上門了，你都不妨多問一個問題，就是請問客戶當初是用什麼關鍵字搜尋找到你的，這也許能為你帶來一些很不一樣的驚喜與啟發。

- 觀察比你成功的同行：他們的標題都是夾帶了哪些關鍵字？跟著學習就對了。畢竟如果你的同行能夠比你成功，那麼很有可能他採取的某些策略是正確的，你大可以模仿、借鑑你同行的關鍵字策略，那不就省下許多功夫了嗎？

- 調查Google數據：第三個方法比較專業，也是最有效、最公正客觀的關鍵字評估方式，就是問Google大神。是的，作為全球最大的搜尋平臺，他們手上握有最多、精準的搜尋數據。他們完全知道哪些字、在哪些地區、一個月被搜尋了多少數量。但這個方法有一定程度的技術性，一般人得要花錢才能夠使用這個工具，雖然這個工具也有不用花錢就能使用的方法，不過絕大多數的人都不知道這個祕密的方法就是了，如果你也很想知道這個方法的話，我會把相關的連結放在旁邊的 QRcode 裡。

調查數據
的祕密

② 持續餵養消費者的胃口

第二個關鍵就是，你要持續的給消費者理由，讓他不斷的往下看下去，引領消費者看到最後。

廣告的目的是什麼？是要促使他往下看下去。看到什麼？看到廣告的內文，接著再呼籲他採取行動。採取什麼行動呢？主要是呼籲消費者點一個連結，點了連結之後會打開一個網頁。打開網頁之後，首先他會看到網頁的標題，看到網頁標題之後，接著再去看網頁的內文，最後才是採取購物的行為。

好，你要理解這是消費者心理的邏輯以及行動的邏輯，剛剛講的是一個架構，我們要了解具體的做法，什麼是具體的做法呢？就是**把你的產品的成分、特性、效果轉化成具體能夠替客戶帶來好處，而且最好是有明確有力的資料**。我這邊先舉一個NG的文案，什麼是NG的文案？比如說我們的XX產品，有拿到諾貝爾獎的RTH成分，很多公司的商品文案，都會出現類似「什麼專利成分能夠有效調理生理機轉」，為什麼說這是NG的？因為其實消費者他根本就不看你們公司拿到諾貝爾獎，也不知道RTH成分到底是什麼，什麼叫調理生理機轉？也許你覺得消費者都聽得懂，可是這是你以為的，其實消費者根本就不知道什麼叫調理生理機轉。

那什麼是 Ok 的文案？我舉個例子好了，假如你賣的是減肥產品，你可以怎麼寫？你可以寫：「超過 23 萬人使用超有

感，今夏終於可以穿上比基尼了。」你會發現這當中運用到的數據，是明確有力的，而且它做到一個技巧就是**閃避療效**，因為有時候你在文案上面直接用減肥、瘦身減重，這個都有可能會被認定「療效」，接著就有可能被罰錢。所以之後你要如何讓人家看了之後，知道你這個產品能夠帶來什麼好處，但是又不會因此而惹上麻煩，比如說被衛生局開單，這是一個很重要高明的閃避技巧。

好，所以在這邊你必須要具體的把產品成分特性，那些消費者聽了之後，不懂或是沒有感覺、概念的句子刪掉，改成具體替客戶帶來好處的內容。因為每個人都是自私的，這是人的天性，每個人都只對替自己能夠帶來好處的事情，會去關心、了解它。

③ 促使消費者產生購買的衝動

最後，第三個關鍵就是你要讓消費者看到最後的時候，採取行動讓他內心產生衝動感，按下這個訂購的按鈕。這個最後的行動有可能是什麼？有很多種，可能是提醒加入購物車、立即購、訂閱或者是掃描 QR code。

爆款文案模版直接用！

講完了理論，接著來談談商品文案的模版吧！雖然商品文

案在實際動筆撰寫的時候，還會因為商品的種類不同，而有不同的撰寫方式。舉例來說，虛擬商品跟實體商品撰寫會有點不一樣，起碼實體商品往往會註明體積、重量、長寬高、或 ml 數，但這些虛擬商品都不會提到。不過我給你的是一個通用型的模版，不管你要賣的是什麼商品，只要套用這個模版，就能寫出一個還不差的商品文案囉！

➊ 主標題

　　首先在商品文案的最上方，通常會有一塊區域，我們把它叫做版頭，有的時候也叫做 Banner。這個是商品頁面進入到消費者的眼裡的第一個主視覺畫面，所以也包含在第一屏裡面（以手機來觀看的時候，在還沒往下滑動的情況下，會出現在屏幕上的視線範圍內容）。

　　那麼，版頭會有哪些文字呢？一定會有的是大標題，看情況可能會有的是副標題，而標題的重要性，在前面已經有提到過了，這裡就不再多加贅述囉。在版頭的右下處，有的時候還有可能出現一種文案，我把它命名為促銷小標語，一般來說有可能來到 2～5 個，最理想是 3 個，超過 5 個會讓人有視覺雜亂之感，以下附上參考圖片。

如上圖所示，右下角的那三句話，就是促銷小標語。

2 開頭小標

通常我的商品文案不管是賣啥東西，一定會有一個開頭小標，但是別的文案寫手不一定會加上這個，所以這算是比較威廉風格的寫作模式。我先來說說開頭小標的特色。

- 字體往往會比較大，大於一般的內文字體，但小於主標題，避免喧賓奪主。
- 顏色比較醒目，以我的習慣來說，我會用紅色，並且使用粗體字。
- 行數約為 2～5 行，超過 5 行字會顯得訊息量一下子給的過多，就失去了開頭小標的意義。

開頭小標出現的時機點為主標題或副標題（如果有的話）之後，然後在引言之前。而開頭小標有一個重責大任，就是要像是一座橋樑一樣，把讀者的視線從標題的區塊引導去看引言的區塊。

那麼，為什麼我們不讓讀者在讀完標題之後，直接就進入引言呢？這是有原因的，因為通常引言的字數比較多，甚至不止一個段落，而當讀者剛讀完標題，如果馬上讓他看到一大篇密密麻麻的文字，這會產生一個風險，就是讓讀者對往下閱讀

這件事情，失去了胃口。這也就好比，如果你去到一家餐廳，服務員馬上端上一盤菜，分量太大的時候，也會讓你看了不想吃一樣，但反過來說，如果服務員是先端上一小碟的開胃菜的時候，你就會覺得比較有食欲。

開頭小標的寫作技巧蠻深的，以我的經驗來說，不管是我教的學生也好、帶過的文案寫手也好，最容易卡關的地方，往往就是出現在開頭小標的部分。而且開頭小標有一個艱鉅的任務，就是讓人看完之後，會想要繼續往下閱讀。

因此，開頭小標最忌諱的就是說出那些內容雖然很正確，但讀完之後也無法創造出什麼誘惑力，讓人覺得非往下

> 如果，你渴望找到一種把自家產品給銷售出去的方式
> 可以取代掉十個、一百個、甚至一千個優秀的業務員
> 能讓中、小、微企業老闆解放雙手、身心自由
> 那麼，你需要的高價值資訊就在下面

繼續讀不可的感覺。所以，一個成功的開頭小標，最好能創造出一種懸念感，讓人有一種未完待續的感覺，這裡我就放上一個曾經創作過的開頭小標。

3 引言

在開頭小標結束之後，就要進入到內文啦！延伸剛剛餐廳上菜的邏輯，這個引言就很像餐廳上的第一道菜。呈現方式可謂千變萬化，但考慮到有些讀者可能是文案的新手小白，所以我來教一個最簡單的句型，就是……

因為著 **AAA** 的原因，所以普遍來說 **BBB** 們，

都會有著 **CCC** 的問題，為了幫助 **BBB** 解決

CCC 的問題，所以我們（**DDD**），研發（代理）出了 **EEE**。

AAA ＝指出一個現今普遍存在的現象

BBB ＝你的目標族群

CCC ＝你的目標族群的痛點

DDD ＝你自己、你們公司或你們團隊

EEE ＝你的商品

以下我提供一個範例，你參考看看喔：

名師講堂 *Example*

　　根據人力銀行的統計資料顯示，現今有越來越多企業在招聘人才的時候，會希望來上班的人才，具備了影片剪輯的能力，然而絕大多數的社會新鮮人，甚至職場老鳥，都未必學習過如何剪輯影片。因此，為了幫助更多上班族、SOHO族提升職場競爭力，若水學院特別精心研發出了這堂「威力導演全攻略」。

　　你看看，只要照著威廉老師提供的句型公式去寫，是不是要產出一個引言也並不是太難的事情？現在，換你來寫寫看吧！

現寫現賣 *Practice*

---

4 商品正文

在引言之後，接著就可以來到商品的介紹啦！這時候你可以把你的**商品說明、特色、優勢、規格、如何使用等，都在這邊跟讀者做介紹**。

需要特別留意的是，如果你賣的是吃的健康食品，那就要寫清楚一罐總共幾顆，建議用量為一天幾次、何時吃？一次吃幾顆？這樣讀者比較好去推算一罐大概可以吃多久。舉例來說，如果一罐健康食品上面有寫著 90 顆，每日一次，一次 3 顆，那麼讀者就可推算出買一罐大概可以吃上一個月。然後他就會去在內心盤算，花上這個錢，如果能吃上一個月，倒底值不值得。

有些商品，例如家俱，要記得標註長、寬、高，而螢幕、行李箱這種產品，則要標註對角線（通常是用吋來做為計量單位），如果是行李箱、收納盒的話，除了標示外部尺寸之外，

最好也能標示內部尺寸。為什麼要標示內部尺寸呢？答案很簡單，因為買箱包的人，他會在意的是這個箱包能不能收納得進去他想裝的東西，而能收納進去多少東西，是由箱包的內部尺寸所決定的，而非外部尺寸。舉例來說，我有一次想要上網買一個 3C 收納包，裝進去我每次出差演講時所需要帶的東西。而我的攜帶物品當中，包含了一個無線鍵盤。如果我買的收納包無法裝進去，那我買這個包就等於白買了。當時我逛淘寶的時候，很多店家都沒有把內部尺寸標示出來，因此我就算看了挺喜歡的，也是不敢買。直到看到有一個店家，清楚明白的標示出內部尺寸，我才放心下了單，後來收到貨也的確剛好裝得下我的無線鍵盤，算是一次愉快的購物經驗。

5 常見問答

在消費者讀完了商品正文之後，他也許已經有點心動了，想要跟你買你的產品，但是他的內心還是有些疑問、甚至是擔憂。如果我們放任消費者繼續抱持著疑問到最後，啥都不做，那麼就有可能產生一種風險，那就是讀者不買了。因此我們要主動的把消費者可能會有的顧慮，打開天窗說亮話的拿出來討論。如果你賣的是健康食品，消費者可能會有的疑問如下：

吃西藥（或中藥）的時候能不能吃？

有沒有哪些東西不能混著吃？

MC 來的時候能不能吃？

懷孕的時候能不能吃？

哺乳的時候能不能吃？

有吃別的保健品的時候能不能吃？

你要將讀者的疑問點出來，並給予消費者這些疑問的解答。這樣他才能打消顧慮，產生購買的衝動。

6 呼籲行動

一個銷售文案到了最後，往往就是要呼籲潛在顧客採取行動啦，畢竟成交客戶是我們的責任，而非客戶自己有責任讀完就要被我們成交，因此結尾總得說些什麼，讓消費者去按下放進購物車的按鈕。

這句話有個專有名詞，叫做「CTA」，也就是 Call to action 的意思，這裡我一樣也來放上一個案例。

> 透過如此有實戰成績的老師，教給你這麼實用的課程內容，卻只賣這樣金額，簡直就是把鼎泰豐的小籠包，用街邊小販的價格賣給你啦!不過名額有限，想要搶優惠!!
>
> **立刻點擊下面的按鈕報名吧 !!**

我們實驗的結果是，同樣的一個商品文案，A 版本是商品介紹完之後，直接放上購物車按鈕；B 版本是有放上呼籲行動的一句話，然後兩個版本用相同的廣告條件去做宣傳，**結果發現 B 版本的銷售頁明顯的比 A 版本的網頁提升了 23 %的轉化率（成交率）耶～**

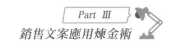

　　你且思考一下，一般來說，我們要讓生意提升 20 ％的業績，或下降 20 ％的成本可能要花很多功夫，投放更多廣告等，然而如果你真的懂文案的話，有的時候就只是一句話有說跟沒說，說的到不到位，業績就差了 20 ％以上。

　　在這個章節我先提供給你的是基礎模版，讓你可以快速好上手。在我的文案高階課程當中，我還會提供威力更大的高階模版，是可以用來成交高金額商品的，也期待未來有一天，你會走進我的教室裡面，讓我可以與你分享更高深的技術。看完了基礎模板的說明，現在，也換你來試試看吧！

現寫現賣 *Practice*

✍ 主標題：

✍ 開頭小標：

✍ 引言：

✍ 商品正文：

_____

_____

_____

_____

✍ 常見問答：

_____

_____

_____

_____

✍ 呼籲行動：

_____

_____

_____

_____

_____

🔍 實際案例 1：熱銷課程文案

其實平常我並不會特別願意接幫人寫文案的 CASE，一來是因為我的收費不便宜，並不是每家公司都有 SENCE 知道好文案的價值所在，而我也很懶得去說服別人花大錢請我寫文

案。更重要的原因是：即便我今天收了再昂貴的文案報酬，那也只是幫別人寫一次文案，賺取一次性的報酬，然而當我是把時間用來幫自己的公司寫文案時，**同樣是花一次性的時間投入寫作，但卻可以賺取持續性的報酬。**

因為只要我寫好的文案持續在架上曝光，就能為我的公司帶來訂單，甚至毫不誇張的說……

我每寫出一篇文案，就像是召喚出一個業務員的影分身，也像是製造出一臺自動化的賺錢機器！

但有一次，魔法講盟辦了一場培訓，雖然我自己也是開培訓公司，理論上同行應該是相忌的才對，然而這只是一般人的看法，在我的理解來說，同行不一定要相忌，也可以強強聯手、並肩作戰。

在這次的活動當中，魔法講盟的董事長——王晴天博士請我為其活動改稿，雖然我前面說很少願意把時間用來接文案寫作的案子，然而王博士不但是我商場的前輩，更是我生命中的貴人，既然是貴人的託付，威廉自當不負所託。

以下附上兩篇文案，一篇是原稿，一篇是我後來改過的稿，你可以仔細品讀一下，感受兩者之間的區別，並且猜想如果同樣的活動，用兩種不同的文案去做成活動報名頁，然後投放廣告，會有什麼差別？

名師講堂 *Example*

【原稿部分】

書，是最好的名片！

當名片已經式微，出書取代名片才是王道！

從 Nobody 變成 Somebody 最快的捷徑

8/10(六) 13:30～21:00 新店台北矽谷國際會議中心 2C 教室

愛書、讀書、藏書的你，

是否會希望有一天能在書架上看到自己的書？

想寫、能寫、會寫的你，

是否也想將腦中的想法、知識付諸為文字？

出書成為名人，讓孩子景仰你！

讓同事羨慕你！讓親友讚揚你！

讓客戶崇拜你！讓陌生人從此認識你！

出書，讓你萬眾矚目、粉絲爆棚、人脈拓展、財富增長、成就非凡!!

對！你該出書了！

菜鳥寫手也能成為超級新星作家

在現在競爭激烈的時代，「出書」是快速建立「專家形象」的捷徑。然而出書已非作家和名人的專利，每個普通人，只要想出書，都有專業的團隊來為你運作。

出書，是對人生智慧的總結，是對人生道路的反思，是對自己的最高獎賞，是生命價值的專業呈現。想成為某個領域的權威或名人，出一本書絕對是最佳的途徑。

讓讀者成為你的通路，書本成為你的最佳業務員，擁有知名度才有指名度，分享人生體悟、樹立專家形象，讀者看你的書多久，就被你行銷多久，全年無休的超級業務員，非書莫屬!!

上完這堂課，你可以：
• 寫出一份出版社搶著看的神企劃。
• 輕鬆將腦中的想法變成文字，快速寫完一本書。

- 積累到絕對優勢的出版人脈。
- 跨界借力出書賺大錢。
- 成為專業的文創出版人才。
- 結識許多出版同好。
- 精準找到合適的出書方式。
- 享有專屬的出版好康與出書服務！
- 上課現場書庫有數萬種圖書可供參考！
- 掌握打造自我品牌的最佳方法。

這堂課能帶來什麼效益：

- 建置產品：沒有產品的你，可以透過出書還建置自己的（資訊型）產品。
- 建立品牌：出書能幫你打造權威形象、塑造個人品牌，讓你比同行沒有出書的人更專業、更知名，大大提高顧客指名度！
- 置入行銷：還在擔心廣告傳單發了沒人要拿，廣告Email或簡訊容易被其他訊息淹沒。別擔心，CP值最高的廣告宣傳就是出書，不只跨地域國界，更不受時間限制，讀者擁有這本書多久就被行銷多久。
- 異業互利：出書能讓你擺脫單打獨鬥之困，跨領域異業合作，創造雙贏互利效益。

- 西進突圍：書籍是前進大陸最好的切入點，藉此打開全球華人知名度，演講邀約不斷，站上世界級舞台！
- 組建團隊：出書是組織團隊最好的利器，開創事業高峰，造福更多人！

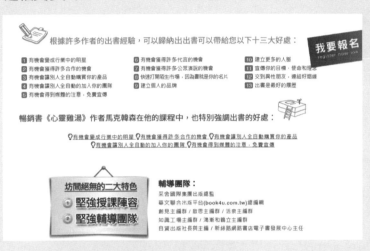

文字可以跨越時間與地域，影響深遠，五年，十年，百年，甚至千年……

然而跟出版社投稿出書的成功率 <<<<< 1%

想成為年度百大暢銷書機率 <<<<<< 0.3%

這是因為從來沒有人會告訴你：

出書前，一定要知道的出版布局！

8/10(六) 出書出版一日精華班

出版集團董事長 王晴天博士

出版社社長、主編群

以及暢銷書作家 威廉老師

將告訴你 98% 以上作家都不知道的

出書斜槓獲利精髓

課程原價 $29800

推廣特價 完全免費

現場座席有限 盡快報名卡位喔

https://forms.gle/okNxeMxBqdKSdRcs7

2019/8/10(六) 下午 1:30～晚間 9:00

新店台北矽谷國際會議中心 2C 教室

🔊 名師講堂 *Example*

【威廉改稿之後的部分】

你，想出一本屬於你自己的書嗎？

暢銷書作家一日速成班

∨ 不需好文筆

∨ 素人也可行

∨ 全程免費教

如果，你希望在你的客戶心目中，樹立一代宗師的地位

如果，你希望有更多人認識你，進而購買你的產品、加入你的團隊

那麼，是時候你該出一本屬於你自己的書了

很多人都曾經有過出書的夢想，請想像一下，當誠品、金石堂、博客來⋯⋯這些通路上，都陳列著你的書，甚至你的書還擠進了每週熱銷的排行榜，哇～這是多麼**讓人感到光榮又興奮的事情啊？**

如果你從來沒有想過出書這回事，那麼你一定不了解，出書這件事情，能夠為你帶來哪些好處，以下就讓我根據許多作者的出書經驗，歸納給你聽吧。

• 書是你的分身，**可以替代你自動化開發潛在客戶、解說商品，甚至成交，**當市場上有一萬本你的書在流通，等於就有一萬個業務員在為你工作，他們不用支薪、不會喊累、

更不會抱怨與跳線，甚至還能幫你打開海外的知名度，為你日後開發國際市場提前佈局。

- 出書能讓你在你的客戶眼中樹立完全不同的地位，沒出過書，你就跟一般業務員沒啥兩樣，**出過書，你就變成專家、顧問甚至權威！**一招打趴那些跟你做相同業務，但卻沒出過書的同行。

- 出書能夠讓你獲得更多的合作機會、媒體採訪、頂尖人脈、受邀演說，增進異性緣，甚至**還可能因此搭起戀愛或結婚的橋樑。**

- **享有版稅收入**，這種收入就像房租一樣，是一種被動收入

既然出書有這麼多好處，為什麼絕大多數人卻都還是沒辦法出書呢？很簡單，因為他們沒學過啊～其實出書就像開車、游泳一樣，是一個可以透過學習而養成的技能，為了幫助更多人可以一圓作家夢，若水學院特別跟采舍出版集團合作，推出暢銷書作家一日速成班，由一群出版社社長、主編、現役暢銷書作家現身說法，來跟你透露不為人之的出書祕訣！

— 超豪華無敵講師群 —

放照片	放照片	放照片
采舍集團董事長 王晴天 博士	知識工場社長 何牧蓉	暢銷書作家 威廉老師

—之前的活動花絮影片—

https://www.youtube.com/watch？ time_continue=49&v= Ki4fH0CEGwI

來上這堂課，可以幫助你：

- 寫出一份出版社搶著看的神企劃。
- 輕鬆將腦中的想法變成文字，快速寫完一本書，即便你連打字都不會！
- 了解有關出書的一些重要的基礎知識
- 明白怎麼布局，才能出一本吸睛、吸金、又吸粉的書
- 找到最合適自己的出書主題與產出方式。

參加這堂課的附加價值

- 只要全程參加活動，就送你一本紙本書＋二本電子書。

- 如果你上完真的有要出書，我們針對學員有專屬優惠通道
- 認識出版界的人脈，還有一群跟你一樣想出書的好朋友。
- 只要帶名片來投入摸彩箱，還可以參加抽獎，獎品 8800 元

課程時間 / 地點

活動日期：2019/08/10（六）

活動時間：下午 1:30 ～ 晚上 9：00（會有晚餐休息時間一小時，不供餐）

活動地點：新北市新店區北新路三段 223 號（新店台北矽谷國際會議中心）2C 教室，靠近捷運大坪林站 1 號出口，走路約 10 分內可以到，（非彭園餐廳那一棟，別走錯喔）。

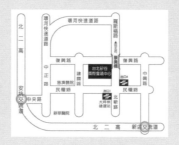

學費原價 29800 元，如今因為一個特殊的原因，你將可以享有一個不可思議的超優惠價格，答案就是……

完 全 免 費

也許你會想說，哪有這麼好的事情，沒錯，我們要很誠實的跟你說，當天的課程當中，我們會銷售某些進階的付費課程，不過我們不會用很硬的方式，強迫推銷你，只是想讓你知道，如果你想要變得更厲害，有哪些途徑可以讓我們幫助到你，畢竟你有知道的權利，要不要報名的決定權也在你自己。

假如你覺得，**讓自己日後的頭銜多一個斜槓叫做暢銷書作家**，讓自己享受家人以你為榮、客戶追著你跑，同行對你投以羨慕的眼神，就填寫下面的報名表吧，你會在日後感謝自己曾經做過這個明智的決定的，因為你將從此與眾不同！

[這裡請放上報名表]

	全程參加活動，還送你這本實體書喔。

主辦單位：采舍出版集團／魔法講盟

推廣協助：若水學院

在這個案例的最後,我想要告訴你的是,魔法講盟的出書出版班的確很棒,我當初也是上了王博士的這堂課,才成為了暢銷書作家。如果你也想讓自己多一個頭銜是暢銷書作家,透過傳遞知識、擴大個人影響力,可以透過旁邊的聯繫管道,掃碼索取課程的相關資訊。

出書出版班

實際案例 2:牛肉乾文案

這篇文案雖然並非我親自寫的,而是由我的好朋友詩雯她們公司的文案寫手寫的,但內容我覺得很不錯,因此在徵得她們的同意授權之後,把該商品文案放上來,如果你也有想在網路上賣吃的東西,這篇文案很有參考的價值喔,請掃旁邊的 QRcode。

牛肉乾文案

在推薦代碼的部分,如果輸入William100,還能夠折 100 元的折扣喔!

煉金 Tips 3：
銷售信

3

我有很多文案賺錢組合拳，這一小節就來教你用文案賺到錢的組合拳其中一招──銷售信。

 ## 8 步驟，創造電子化 super sales

以下是我所寫的真實案例，我會一步步帶著你拆解銷售信的技巧，請你對照著範例跟我一起學習吧！

> ### 名師講堂 *Example*
>
> 信件主旨：
>
> 我把如何透過網路，創造超過三千萬收入的祕訣，都藏在那個地方了，想知道我藏在哪裡嗎？那就打開這封信吧！
>
> 內文：
>
> 我從小出生在一個談得上是有點富裕的家庭，
>
> 父親是三家公司的董事長，
>
> 全盛時期公司差不多有五十個員工，
>
> 而我的人生也一路順遂，畢業後就繼承家業，
>
> 從此人生平步青雲、過著富貴榮華的爽爽人生。

如果可以，我真的很想那樣子說：那是我的人生。

但可惜，我不行，因為如果我那樣說的話，我就是在說謊！

真實的版本是，我在五專念到四年級的時候，家裡就已經破、產、了！

父親的三間公司基本上都倒得差不多了，房子、車子那些都被法拍啦。

不只如此，更可怕的是，我們一家人扛上的債務總合超過一千萬，如果要透過一般的方式賺錢，我大概得要不吃、不喝、只靠光合作用活下去，然後還要上班 30 年，才能還清家裡所有的債務！

我在思考一個問題，有沒有什麼方法可以讓資質平凡的我，在沒有本錢的情況下，也能翻身，並且找到一條活下去，最好還能活得不要太悲情、不要太苦命的路？

試過很多種方法之後，終於，我找到了一個方法，
這個方法不但適合我，而且我猜，很有可能，
它也適合正在讀這封信的你……
這個方法就是～「網路行銷」

為了節省你閱讀的時間，所以我把我過程中經歷了哪些辛苦啊、挫折啊～的那些勵志心靈雞湯，全部都省略了，總而言之，我透過網路行銷，算是混得還不錯啦。

由於我在網路上操作一些商品或項目，創造出一些還不錯的成績，例如賣保養品，一年可以賣出兩百多種；減肥產品，一年居然也可以賣到上千萬，所以開始有人想跟我學習，我到底是麼做到的？

我開課不能算非常貴，但也不能說很便宜。一般來說，想要跟我學會一門技術，就得花上二萬四千元，雖然這個金額蠻多人都能負擔得起，但是我心裡也不禁想到，萬一有人負擔不起呢？

又或者，有些人他不是負擔不起的問題，他只是還沒有做好這樣子的心理準備，花上一定程度的金額來跟我學習網路行銷，畢竟他跟我不熟、還不知道我的能耐在哪裡，可以帶給他多大的幫助，因此就先不報名我的課程。

如果我跟這樣的人，失之交臂，從此成為人生的兩條平行線，他幫不上我，我也幫不上他，那樣不是很可惜嗎？

為了完美的解決這個問題，我想到了一個方法，就是寫一本書，把我的許多知識，都藏在這裡面。畢竟書是一種很便宜的知識載體，任何人都可以花個三～四百元，在書局裡面買到一本書，並獲得豐富的知識。

是的，我寫的這本書，書名叫做《完全網銷手冊》，它裡面總共有十二萬字，是我花了半年的嘔心瀝血之作，裡面不只有觀念、有具體方法，甚至連操作步驟都附上了截圖。

最貼心的是，我怕有些人看完之後，還是不知道怎麼把網路行銷應用在賺錢上，所以我特別又舉出了三種範疇的應用，分別是……

一、適合學生、家庭主婦，一般上班族，怎麼利用閒暇時間，用網路行銷兼差賺錢的三種方式。

二、適合業務員，包含直銷、保險、房仲業務人員，該怎麼用網路行銷，幫助他們賣出產品，或招募合作夥伴。

三、適合創業家，包談傳統產業、電商、培訓行業需要懂的網路行銷技巧。

如果說，一本書要能夠從觀念、工具、到案例都教會你已經很神奇的話，接下來我要跟你說一件更神奇的事情，那就是……

這是一本獲得全臺灣「最多網路行銷老師推薦」的網路行銷教學工具書。

請你思考一下，不管你做什麼行業，要請你的同行推薦你，是不是很難？畢竟同行不朝你肚子開三槍就已經很客氣了呀，

而推薦這本書的網路行銷老師有林杰銘老師、洪幼龍老師、Terry Fu 傅靖晏老師、K大俠楊衍埔老師、董正隆老師、鄭志航（Stark）老師、鄭錦聰老師。

能寫出一本網路行銷的書，讓其他七位網路行銷的專家願意幫忙寫推薦序，據我所知，我可能是臺灣第一、而且也是唯一了。

很多我的朋友們跟我買完，而且閱讀之後，紛紛跟我表示：威廉導師，這本書跟我預期的很不一樣耶，我一直以為網路行銷的工具書，應該會寫的很硬、很枯燥、很無聊，沒想到

你這本書如此精彩有趣，讓人像在看故事書一樣，一翻就停不下來。

講到這裡，也許你會好奇的想問，

要如何用方便、優惠的方式，獲得這本書上的知識呢？

嗯，好的讓我來為你做一下說明吧，首先如果你用這本書的書名《完全網銷手冊》上網查的話，你可以看到在某個很大的網路書局網站上，它的原價是 430 元，而該網站的促銷價是打 9 折，也就是 387 元。

我想，如果能用 387 元，獲得一個網路行銷界的大師級人物，用過去 17 年的經驗，淬鍊出來的人生智慧，這樣應該已經很便宜了吧。

但是，聽好了，我即將要告訴你一個更便宜的方案，而且超值到爆表，那就是～

威廉導師慶祝情傷康復的限量優惠提案

1. 只需要你投資你的腦袋 350 元而已（這個價格是臺灣地區的價格，已經包含了郵寄費用在裡面了，如果你是非臺灣地區，費用要額外做計算，詳情請寫信到客服信箱做詢問，

信箱是 service@waterstudy.org 信件主旨請打上我要買書－完全網銷手冊，且附上你的地址，我們收到信之後會再把運費報價給你）。

2. 這本書上會有作者本人，也就是威廉導師的親筆簽名。

3. 隨信還會附上一個能量書籤，這個書籤有被我用念力加持過，我曾經對著這一批書籤口裡念念有詞的說，祝福拿到我這個書籤的人，未來會財運、好運、桃花運滾滾而來，不只智慧大開，出門也會更容易遇見貴人。

4. 透過這個專案買到書的人，可以進入到書友服務的專屬FB祕密社團，只要是本書的購買者，均可以在裡面自由的打廣告、介紹自己或自己的生意。

前提是，你真的有買我這本書，並且願意手持著我的書，自拍一張照片，順便說幾句你看完書的感想，只要你不是進來我的臉書社團留負評的，我就允許你在我的書友服務FB專屬社團免費打廣告（或曝光你自己）（會有一些關於廣告的相關規定，在社團裡面會有公布）。

5. 獲得一個機密的線上課程，主題是「如何成交老闆、講師級的人物」，這是一堂 50 分鐘的線上課程，之前我從來沒有在公開場合賣過它，因此懂得這個祕招的人極少，如果你學會了，並且真的用來成交了某個老闆或講師，購買了你的產品、服務、或加入你的團隊，你覺得這能為你帶來多大的收入？

也許是十萬、三十萬、甚至是超過百萬，這點你可以自己評估與想像。

反正這一切皆有可能，而且都曾經發生過在我的身上。

是的，我就曾經因為成交一位講師，光是那位講師，保守估計就讓我賺進超過至少 400 萬！

而且我敢跟你打賭，這堂線上課雖然只有 50 分鐘，但是裡面的內容，地球上的人口有 97 ％以上都不知道。

而我為何會知道？因為我本身就是老闆也是講師，而且我也常常都在成交老闆與講師，所以我來教這個超有說服力的啊。

如果你跟我認識的，你會知道，這樣的優惠提案，是史無前例，保證空前，會不會絕後還不知道就是了，但是有一件殘酷的事情，我得跟你說明，那就是這樣的專案，我們只限量100本。

是的，一百本究竟要多久可以賣完?

也許半年、也許三個月?

其實我也不知道，不過也無所謂啦，反正，人生嘛，開心就好啦～

即便是之前的購買者，也無法獲得這樣的優惠，除非這次他再買一本，才能獲得這樣子的完整優惠組合（如果你還真的因此買了第二本，那就捐給圖書館，或送給你的好朋友吧，我跟你的那個好朋友，或是圖書館，都會因此而感謝你的）。

PS.當你買下這本書之後，我會扣除成本之後，把淨利潤的1/10捐給公益團體或弱勢組織，如果你覺得舉手之勞獲得知識還能順便幫助人，聽起來還不錯的話，就點一下下面那購買連結吧。

購買連結在這兒：https://bit.ly/2Z4Inog

祝福您有個愉快的一天

你的朋友 威廉導師 敬上

1 信件主旨

通常來說我們寫一封銷售信會有兩個主要部分，一個是信件主旨的部分，又稱之為信件標題。你有沒有印象中你打開電腦或者手機，是不是先看到一排很多信件的標題？接著你不會每一個都去點它，如果你太閒了或者你的信件比較少，像我這種是信件量還蠻多的，通常就是你會篩選哪些信件的主題，讓你覺得比較吸引你，就會去把它點開來看，如果它不吸引你就不會點開它。好，記住一件事情，信件主旨絕對不是把你要賣什麼產品直白地寫上去。除非你是賣電商為主的，如果是做電商，有時候這個法則就不見得是這樣用。為什麼？因為有的時候你越急著在信件主旨就曝光你的目的，人家反而不會想要點開來看。

舉例，像我這封信的目的是為了要推銷我這本書，如果我的信件的主旨就寫上：嘿，你知道嗎？我寫了一本書叫做《完全網銷手冊》，這本書很精彩，我想要把這本書推銷給你，請

你打開這封 Email，來接受我的推銷吧。你覺得如果我的標題這樣寫，人家會還想點開這封信嗎？答案是當然不會，因為大部分人都不喜歡被推銷。所以我們要讓一封好的銷售信看起來不像是一封銷售信，大家聽懂我的意思？OK，好，所以我這封信要怎麼寫？我說：「我把如何透過網路創造超過 3000 萬的祕訣都藏在那個地方了，想知道我藏在哪裡嗎？那就打開這封信吧」，這是我信件主旨。請問信件主旨我有提到要推銷書嗎？沒有。甚至有提到我要推銷任何產品嗎？都沒有，而且我感覺不是要來從你口袋裡面把你的錢挖出來，感覺我是來送錢的，是要把 3000 萬的祕訣跟你分享。好，你覺得哪一種受歡迎？你是要扮演一個去把你的錢從口袋裡面挖出來受歡迎，還是要扮演一個就是你要把錢分享給別人受歡迎？當然是把錢分享給人要受歡迎，對不對？

② 信件引言

好，接著進入到信件內文的部分。我說：「我從小出生在一個談得上是有點富裕的家庭，父親是三家公司的董事長。全盛時期公司差不多有 50 個員工，而我的人生也一路順遂，畢業後就繼承家業，從此之後人生平步青雲，過著榮華富貴的爽爽人生。如果可以，我真的很想那樣子說：那是我的人生，但很可惜，我不行，因為如果我那樣說的話，我就是在說謊！」好，我們一起來看一下這個文，首先我的寫作風格是我大概每

隔最多五行字，就會有一個斷行。這個斷行很重要，因為如果你的文字全部都是好幾行連在一起，你會讓人覺得閱讀起來很有壓迫感、很沉悶，就不想往下讀。所以我的建議大概一行字到五行字就要做一個斷行，就中間有個空行這樣，這樣會讓你的文案看起來比較輕鬆，好閱讀。

你就想如果一個大披薩直接給你吃，你會想要吃嗎？不會，你是要把它切成小塊小塊，一口一口拿起來吃，你才會把它吃完，類似像這樣的概念。好，你看一下前面這東西叫做敘述的場景，好，記住嗎？我們並不是你要打開信，我們就馬上開始狂轟猛炸的去推銷產品。NO，我們要像說故事一樣先交代一個故事的場景，待會兒我們再賣產品。所以我先教大家布設場景，我是一個什麼樣的家庭，後來怎麼樣？接著說，如果可以我真的很想那樣說，那是我人生，但我不行，因為那樣我就在說謊。這代表我的人生也沒有真的過得很爽跟平步青雲，但是並沒有。好，同學請留意一下，我這邊使用一個技巧叫做**反轉**，你也可以記筆記。

一個精彩的電影、漫畫或者是小說或是一個精彩的銷售文案，它最好都有反轉這個元素在裡面。你有沒有看過一種可能懸疑片、偵探片或者是殺人片，一開始看到一個人死掉，你以為默認某個人是大魔王，應該人是他殺的。結果看了一會兒之後發現，你認為最有嫌疑的人之後反而第一個死掉，這代表他不是壞人，他不是終極大魔王。看了之後，你會覺得原本的你

猜想的東西就發現沒猜中，這個就是反轉。這會讓人覺得這個東西比較耐人尋味，想要好奇的往下看。好，接著我說：「真實的版本是，在我五專念到四年級的時候，家裡就破、產、了！」好，留意一下這個地方我有一個頓號在上面，這會讓我產生一種語氣的口吻感，就是破、產、了！**一個好的銷售信要像人與人之間面對面講話的情緒有溫度。**

你想像一下，如果我都沒有這些標點符號，口吻會像什麼？口吻像：「我念到四年級的時候我家就破產了。」口吻很平，就沒有那種節奏感，所以我寫「破、產、了！」頓號、頓號、驚嘆號。好，記住，一個好的銷售方案，你連標點符號如何使用，都會影響到這封信的成交率。好，我說：「父親的三間公司基本上都倒得差不多了，房子、車子那些都被法拍啦。不只如此，更可怕的是，」來，留意一下這個句型，這個句型很好用，你要來恐嚇客戶的時候特別好用，比如說你要賣保險，說：「我有個客戶你知道她老公怎麼樣，車禍，不只如此，車禍好不容易救回來之後，醫生檢查發現他居然還罹患了癌症。」當你要跟客戶描述一個很可怕的事情，你可以說：「不只如此，更可怕的是」。當然如果你講的並不是負面的事情，你要講的是比較正面的事件，你可以說：「不只如此，更棒的是，更加讓人興奮的好消息是」這就是一個很好用的句型。好，我說：「更可怕是我們一家人所扛上的債務超過1000萬，如果是一般賺錢，我要不吃不喝，只靠光合作用活下去

了，大概我要上班 30 年才能還清所有債務。」好，你留意一下我這邊的口吻是不是講的有點生動又具象化，對不對？而且讓你覺得悲慘之中又有一點自嘲的小幽默，我說只靠光合作用活下去，然後工作 30 年。

接著，「我在思考一個問題，有沒有什麼方法可以讓資質平凡的我，在沒有本錢的情況之下，也能夠翻身，並且找到一條活路活下去？最好還能夠活得不太悲情、不要太苦命的路。」好，留意一下，其實這三行句子有一個小小的技巧在裡面，就是**人格設定**。你寫了什麼東西是一件事，而誰說的這句話是一件更重要的事情。一般來說普遍人們喜歡看到哪一種主人公的設定呢？就是那種資質沒有非常了不起，但是非常努力向上，這種是比較受人所愛的主角設定。如果我說：「有沒有什麼方法可以讓資質不凡的我、非常聰明的我可以活下去？」這種角色就不會讓你受歡迎了。所以你看像什麼漩渦鳴人、炭治郎，像這種電影裡面的角色通常都是資質平凡，但卻非常努力的人。好，我說：「最好還能活得不要太悲情，不要太苦命的路」，這樣說比較合理。一個好的創作，不管是電影或者是小說，它都要符合一個大原則，叫做情理之內，意料之外。意料之外就是反轉，情理之內就是讓人覺得make sense，合乎情理。如果說我剛家裡破產，我馬上就肖想著每天都要吃龍蝦、吃大餐、吃牛排，這樣就太不合情理了，對不對？所以我這樣講是蠻合理的。

3 誘使消費者進入正文

接著看這封信，留意一下又空行了，你看我三行字就空行。我說：「試過很多種方法之後，終於，我找到一個方法，這個方法不但適合我，而且我猜，很有可能，它也正適合正在讀這封信的你，這個方法就是～網路行銷」。來，你看一下這兩句。第一，上一段落當中，結尾有一個叫**呼之欲出的口吻**，所以當我們要介紹出一個什麼很厲害的東西之前，前面要先有呼之欲出的口吻。就像小叮噹要拿出一個很厲害的竹蜻蜓或任意門或縮小燈，是不是也會打個特寫，對不對？就像這種感覺。而且你看一下我這邊字有加粗，有一個特寫的感覺。

好，接著我說：「為了節省你閱讀的時間，所以我把我過程當中經歷哪些辛苦、挫折，那些勵志的心靈雞湯全部都省略了，總而言之，我透過網路行銷，算是混得還不錯。」這種口吻就會讓大家覺得比較輕鬆又親切，不要講太多很悲情的東西，因為現在有時候，大家沒有很喜歡再去看那種你過得好像很阿信，含辛茹苦。這些東西以前人可能很愛看，但現在人其實沒有那麼愛看這些東西。所以我們作為一個銷售文案寫手要與時俱進，要知道現在人的口味都喜歡看些什麼東西。好，但是我不能光講說我混的還不錯，我要解釋我到底是怎麼不錯，對不對？我說：「由於我在網路上操作一些商品或者是項目，創造出一些還不錯的成績，例如賣保養品，一年可以賣出二百

多種；賣減肥產品，一年居然也可以賣到上千萬，所以開始有人想要跟我學習，我到底是怎麼做到的？」接著說：「我的開課不能算很貴，但是也不能說非常便宜。一般來說，想要跟我學會一門技術就得花上 24000 元，雖然這個金額蠻多人都能負擔的起，但是我心裡也不禁想到，萬一有人負擔不起呢？」

好，這邊請留一下寫作技巧，就是我用一種看似在指別人，但是我其實是在指正在閱讀這封信的人，為什麼？你看如果之前我的口吻是說：「我的課程 24000 元，雖然有很多人都負擔得起，但是萬一正在閱讀這封信的你負擔不起呢？」這樣的口吻是不是感覺太衝突性？搞不好會讓閱讀人覺得不舒服，覺得說是怎樣，你是看不起我，你以為我付不起這個錢，然後就生氣，就把信關閉掉。記住你的讀者永遠隨時都有權利把你的文案給關閉掉，知道嗎？所以我有種看似在說別人，其實我就是在說正在閱讀的人這種感覺。

好，接著我說：「有些人他不是負擔不起的問題，他只是還沒有做好這樣子的心理準備，花上一定程度的金額來跟我學習網路行銷，畢竟他也跟我不熟，還不知道我的能耐在哪裡，可以帶給他多大的幫助，因此就先不報名我的課程」，我把這件事情更圓滿的去做個轉折。我不會說一定是沒錢，也搞不好是別的問題，這樣好像就會比較圓順一點，不會讓人覺得那麼樣的衝突感。好，我說：「如果我跟這樣的人，失之交臂，從此成為人生的兩條平行線，他幫不上我，我也幫不上他，那樣

不是很可惜嗎？」好，留意一下，我並沒有把姿態擺的太高，我說他幫不上我，我也幫不上他，這樣感覺彼此是平輩。如果我的口吻是說，如果他不來上我的課，我就幫不上他，這樣他不是很可惜嗎？這樣感覺會好像把人家貶的很低，把自己擺的過高。好，記住這年頭不流行把自己擺的過度高姿態，這樣的成功人物形象在過去是可行，現在大家已經慢慢的不吃這一套，比較喜歡那種接地氣，比較親民的那種成功人物。

好，還有真誠也很重要，我說：「為了完美的解決這個問題，我想到這個方法就是寫一本書，把我的很多知識，都藏在這裡面。畢竟書是一種很便宜的載體，任何人都可以花 300～400 元，在書局裡面買一本書，並且獲得豐富的知識」。我這邊一樣看似在說別人的書，但其實指的就是我自己。如果我這邊口吻是說：「任何人或者是你可以花 300～400 塊跟我買一本書，獲得豐富的知識」，這樣感覺銷售意圖又太過強烈。所以記住一件事情，**有的時候並不是你的銷售意圖擺的越強烈，你越能夠實現銷售目的**，有的時候事與願違，你把你的銷售意圖擺的越強烈，大家都覺得不舒服，人家就直接把你的信先關閉掉。好，所以我們要學會一種很高的境界，用一種不會造成別人不舒服的銷售方式，但不是軟弱無力。如果你讓別人覺得很舒服，但是賣不掉，這也是不行。所以我們要讓他覺得既舒服，但是人家又願意花錢給你，這才是最重要的。

4 同理消費者心理，給予安全感

好，我接下來說：「是的，我寫這本書書名叫《完全網銷手冊》，它裡面總共有 12 萬字，是我花了半年的嘔心瀝血之作，裡面不只有觀念、有具體方法，甚至連操作步驟都附上了截圖。最貼心的是，我怕有些人看完之後還是不知道怎麼把網路行銷應用在賺錢之上，所以我特別舉出了三個範疇的應用，分別是……」好，來看到這邊你要了解一件事情，**我們在銷售的時候，要站在消費者的心裡想，明白消費者會在乎什麼而想要購買，也要了解消費者有可能會擔憂什麼而導致不購買，**了解嗎？所以要 100%的站在你的讀者立場去撰寫你的文案。比如以我來說，我本身就是網路行銷高手，其實我買一本網路行銷書，我不需要你給我什麼截圖，你只要大致上給我講一些策略觀念，或者到底是要去哪個網站，用哪套軟體，剩下大概就是我自己可以摸索出來。可是我代表大部分人嗎？No，我不代表大部分的人，大部分都不是網路行銷高手，對這些幼幼班的學生們，最好讓他感到安全感的方法，一個步驟一個步驟的截圖跟引導，他們比較會放心購買。**接著我們不管賣什麼產品，都要指出適合這個產品的人群去買，**比如說你賣保健品，你賣葉黃素，你就要說可能用眼量比較高的人適合買這樣的保健品。

什麼樣的人適合買我這樣的書？我說：「第一、適合學生、家庭主婦、一般上班族，如何用閒暇的時間，用網路兼差

賺錢的三種方式。第二、適合業務員，包含直銷、保險、房仲業務人員，該怎麼用網路行銷幫助他們賣出產品，或招募合作夥伴」來對照一下上面的範例，我把應用場景寫的很仔細，如果只說適合業務員購買，這樣子就不夠仔細，我說適合直銷、保險跟房仲這樣寫更有感覺。如果今天我只說適合業務員買，搞不好對做直銷的人他會覺得做直銷、創業當老闆，不是業務員，可能就覺得這個事情跟他沒有關係。所以要把這些事情寫得，讓他們認為這事情跟自己有關係，也就是說要把它具體的範圍講出來。包含寫到說不光是可以幫忙賣出產品的，招募合作夥伴都用上場，人家就更覺得這種貼近他的需求。但是也不用寫的過多，像是寫到說適合房仲、適合醫美、適合補教育業的業務員、健身房業務員……，這樣寫太多、太繁瑣一點。再來繼續從這封信往下看：「第三、適合創業家，包含傳統產業、電商、培訓行業需要懂得網路行銷技巧都在裡面了」。

　　你會發現一件事情，我並沒有說任何人都適合買這本書。如果你未來寫一篇文章要說這個產品適合誰，你**千萬不要寫「我的產品適合所有人」**，記住，這樣寫就完蛋。因為當你的產品適合所有人的時候，其實所有人看到都覺得你的產品又不是為他而設計。所以，一個好的文案就是要讓讀的人會覺得你說的是他，他就是適合買你這個產品的人。在這封銷售信中，我就列舉了三大項：學生、業務員跟創業家。但是你有沒有發現這當中其實已經至少囊括了地球上80%的人口，對不對？你

說老師不對，有一些東西你沒有寫到，比如退休人士、消防人員或者軍人，你說為什麼不寫？因為其實做人不要太貪心，不要什麼都要，什麼都要，你反而要不到，所以我就選三大類就好，其實光這三大類已經包含了很多人。這封銷售信有個句型你可以把它抄下來，我覺得蠻好用的：

> 如果 **AA** 能夠幫助到 **BB**、**CC** 跟 **DD**，
> 已經讓你覺得很神奇，
> 接下我跟你說個更神奇的事情，
> 或者是更讓人興奮的事情，就是 **FF**。

⑤ 獨特賣點

接下來，我說：「這是一本獲得全臺灣『最多網路行銷老師推薦』的網路行銷教學工具書」你看一下這個東西，我們把它叫做獨特賣點，英文叫USP。什麼叫**獨特賣點**？就是你不管賣這個東西，一定要找到這個東西的要不就第一，要不就唯一。只有你有，別人沒有的賣點，叫獨特賣點。有些人會問我：「老師，我是做某某直銷的，我們公司賣的果汁是某某果汁，全世界只有我們這家公司有在賣這種果汁，這叫獨特賣點嗎？」這不能夠全叫獨特賣點，應該說這是你們公司產品的獨特賣點，因為這個產品有很多人在賣，全臺灣除了你之外，也

有很多別的直銷商在賣，所以你光是找到產品的獨特賣點還不夠，你要找到個人的獨特賣點。如果有人想要買這個果汁，他為什麼應該跟你買，而不是跟其他的直銷商買，這個叫獨特賣點。我說：「最多網路行銷老師推薦」，記住，你的獨特賣點必須是客觀公正的。比如說最多網路行銷老師推薦，這是客觀公正，如果說這本書是有一個最帥的網路行銷老師寫的，這叫不客觀公正。為什麼說最帥的網路行銷老師這不客觀公正，因為帥或不帥，這個牽涉到每個人的審美眼光是不同的。如果你賣牛肉麵，說我們這牛肉麵是全臺灣最好吃的牛肉麵，這叫不叫USP？這也不叫USP，因為好吃不好吃，它一樣是主觀認定，而非客觀的標準。

接著，「請你思考一下，不管你做什麼行業，要請同行推薦你，是不是很難？畢竟同行不朝你肚子開三槍就已經很客氣了呀。」當時我寫這封信的時候是剛好發生館長被開槍事件的，所以有的時候我們寫一篇文案的時候，剛好把最近發生一些新聞參雜在裡面，會讓人有一種即時感。接著我說：「而推薦這本書的網路行銷老師有林杰銘老師、洪幼龍老師、Terry Fu傅靖晏老師、K大俠楊衍埔老師、董正隆老師、鄭志航（Stark）老師、鄭錦聰老師。」你想想今天除非是一個你過去從來沒有在接觸網路行銷的人，你只要有持續在接觸跟學習網路行銷，這幾位老師的大名，你總會聽說過其中一兩個，了解嗎？「能寫出一本網路行銷的書，其他七位網路行銷專家願意幫忙寫推

薦序，據我所知，我可能是臺灣第一，而且也是唯一。」所以不管你做什麼生意，要不就想辦法做到某一種定義上面能夠說明你是第一，要不然就從某個角度來說明你是唯一，兩個最好是都做到，要做不到，起碼擇一做到。

你說這是不是事實？這也是事實，的確除了我之外，沒有人可以讓這麼多網路行銷老師同時推薦。「很多我的朋友跟我買完，而且閱讀之後，紛紛跟我表示：威廉老師這本書跟我預期的很不一樣耶，我一直以為網路行銷的工具書，應該會寫的很硬、很枯燥、很無聊，沒想到你這本書如此的精彩有趣，讓人像在看故事書一樣，一翻就停不下來。」這呼應到到我前面說的，你在賣產品的時候，就要去設想你的消費者有可能會因為什麼原因而不跟你購買，你不要避而不談，因為你避而不談也沒有用，他內心一樣會擔憂，他只會默默的帶著他擔憂怎麼樣？關閉你的網頁，並且不購買。所以我要把他會擔憂事情怎麼樣？主動拿出來跟你討論，我說你不用擔心，它很有趣，很多人讀完之後覺得它就像故事書一樣，這樣子就打消了你原本可能會擔憂導致不購買這個理由。

6 價格錨定

接著繼續往下看這封信：「講到這裡，也許你會好奇的想問，要如何用方便、優惠的方式，獲得這本書上的知識呢？」來，我們這邊叫做**假設性成交法**。我說假設你想成交，你願意

被我成交叫假設性成交法。我們在真正拋出成交的動作之前，可以先試著做一兩次的假設成交，我說：「講到這裡，也許你會好奇的想問」這一句話出現的**時機點很重要**，它不能出現的過早，如果在這封信的一開始的很前面，就說：「這本書叫《完全網銷手冊》，有 12 萬字，您一定會想知道怎麼樣購買這本書」這句話就出的太早，為什麼？我才剛介紹完書名，我都還沒有挑起消費者的興趣，他們怎麼可能就會想買對不對？所以這句話出現在什麼時機？出現在我已經有一定的把握，你對我開始產生興趣了，再開始出現這句話，而且這句話要使用的很微妙。如果說：「講到這裡你已經會好奇想問，要如何跟我購買這本書」，「購買」是一個非常強烈的銷售用詞，會讓消費者產生這種警覺性：「你好像正要從我的口袋把錢挖走。」就像你要從一隻羊的身上把它的毛給弄下來，編織成羊毛毯去賣，必須以羊舒服的方式，比如用個梳子順著毛梳，自然梳子上就有一堆毛，你不要逆著梳或者是一樣硬拔的，那羊就會很生氣，踢你一腳，所以我們要用舒服的方式去**讓消費者心甘情願跟我買產品**。

我們再從這封銷售信繼續往下看，我說：「好的，讓我來為你做一下說明」，這種感覺有點像是因為你已經想要了，所以我才來做介紹。我們做銷售最好營造一種感覺，是因為我已經提到某件事情，而且你也開始需要了，所以**因為你需要，我來提供解決方案**，了解嗎？這個步驟是很重要的，你千萬不要

還沒有挑起客戶的欲望，就直接端菜上桌，這樣是不 OK 的。
接下來，我寫：「嗯，好的讓我來為你做一下說明，如果你用
這本書的書名《完全網銷手冊》上網查的話，你可以看到在某
個很大的網路書局上，它的原價是 430 元，而該網站的促銷價
是打 9 折，也就是 387 元。」這邊我為什麼要去提到這些事情
呢？我這邊使用一個技巧，四個字叫做**價格錨定**，錨就是那個
船錨，下錨那個錨，為什麼要做價格錨定？因為價格錨定這個
技巧是使用在正式報價之前。為什麼要先做完價格錨定再報價
呢？因為如果你沒有先做價格錨定，就直接報價會產生一個風
險，就是你的消費者可能會覺得你的產品太貴了；你有沒有各
種經驗，就是不管你推銷什麼產品，你講出錢，比方你說今天
入會要多少錢，他說太貴了，怎麼入你們家直銷要這麼貴，你
賣課程，會說你們課怎麼那麼貴？所以你要賣那個東西之前，
要先讓他認同它原本值多少錢。接著你再跟他說，因為我們現
在只要這個錢，這樣有一個比較之後，他就覺得你們東西比較
便宜，這樣了解嗎？就像如果我跟你說我要賣這支手錶，這錶
是星辰錶，Citizen 光動能的錶，要賣你 16800 元，你在錶店聽
到它賣 16800 元，你就覺得太貴，對不對？但是如果他跟你說
這只錶你去 Sogo 百貨二樓看一下，這個錶在 Sogo 百貨原廠它
是賣 19800 元，但是我們鐘錶公司比如寶島鐘錶，現在因為母
親節優惠價，所以不用 19800 元，只要 16800 元，這種一比較
下來就會覺得 16800 元好像不貴，因為省 3000 元，所以記得價

格貴不貴永遠是比較而來的。

7 提案說明

　　接著繼續看這封信：「如果能夠用 387 元，獲得一個網路行銷大師級人物，用過去 17 年的經驗，淬鍊出來的人生智慧，這樣應該很便宜了吧。」留意一下我是說獲得一個網路行銷大師級人物，用 17 年經驗推出來的人生智慧，這樣已經很便宜，我沒有直接說這個大師是我，但其實我在隱喻自己。因為如果我是說：「讓你掏 387 元來跟我這個大師獲得智慧，這樣也算很便宜」這種感覺會有一點點讓人覺得我有點高傲，也不舒服。接著，「聽好了，我即將要告訴你一個更便宜的方案，而且超值到爆表。」你會發現我的口吻都好像朋友在跟你對話，不會擺得很畢恭畢敬的，也不會擺得很高傲。掌握這種關係要恰如其分，你既不要把對方當成上帝，自己像個卑微的僕人，把對方捧在手心，這樣人家也不會想要甩你。你也不要過分的高傲，把自己搞得像是帝王一樣，這樣人家一樣不想跟你玩。所以我說超值到爆表，這種口吻就是很生活化的，就好像一個朋友在跟你開玩笑，三八啦～就這樣子而已，幹嘛不買？你了解嗎？所以有時候因為這種比較親切感的口吻，人家反而就買了。你看這邊是不是也有個呼之欲出的口吻？「那就是～威廉導師慶祝情傷康復的限量優惠提案～」我每次講這個我都想笑，你知道嗎？因為我寫這封信的時候，其實是在 9 月初的時

候，你知道國曆的 9 月初就是農曆的什麼時候？8 月中。所以我在寫這個銷售信的時候，原本是屬於快要過中秋節的時候。我原本當初打字打到這邊的時候，我是打算慶祝中秋節提案。但是我在想一件事情，靠近中秋節的時候，每個人信箱都會收到一堆的廣告信，或者是你打開手機的時候一堆的廣告資訊的時候，慶祝中秋節。

所以普遍人在當下對於慶祝中秋節這樣的字眼已經麻痺無感了。而且到底中秋節跟我的書要降價促銷有什麼關係？答案是一點關係都沒有。所以記住，**你要做降價促銷，也要找出一個合理的理由做降價促銷**，否則你平白無故降價促銷，人家就不會感覺到這個促銷是有時效性的，是要積極爭取。他覺得反正你這個東西也沒有任何理由，也不具備說服力，搞不好你的促銷方案是會永遠一直下去，你了解我意思嗎？所以我說慶祝情傷康復，什麼意思？好了，我順便講一則個人的小八卦，我之前曾經有一段時期，因為跟某個女生分手，陷入一個很嚴重的情傷，蠻嚴重的。多嚴重我就不要拿來講，我怕講出來我可能一邊寫書一邊掉眼淚，我是個很感性的人。反正那段情傷讓我跌得很慘，因為當時付出很深很深的感情，差不多花了一年又一個月又 12 天，才終於從那個情傷當中走出來的，還沒有全走出來，大概康復了 95%。其實我覺得生命當中每一件事情都可以拿來慶祝，今天當你談戀愛了，你也可以慶祝談戀愛了。而當你經歷過一段刻骨銘心的失戀之後，如果又能夠從失

戀當中走出來，這樣能不能拿來當做你促銷專案的慶祝的理由呢？我想也是可以的。

所以我們在行銷上面不用那麼拘謹，有的時候我們就是要讓人家感覺你是個活生生有血有肉的人，不見得一些不光彩的事情，就覺得一定要把它蓋起來，永遠只讓別人看到你光鮮亮麗的一面，成功者也是會有難過的時候，這沒什麼不敢說的。所以你看我已經是個講師又是個名師了，我都敢大方的承認說我也是有失戀很難過的時候。有的人說：「威廉老師，哪天你的促銷專案會不會是慶祝威廉老師又談戀愛了？」我不知道，但是也許有，我也蠻期待的，也許說不定有一天你會收到這樣的信。接下來，我說：「只需要投資你的腦袋350元而已」來，看好這句子，很好用。你只需要投資誰？投資自己的腦袋。投資這個字很好用，因為花費感覺是個花出去就不會再有回報的事情了，可是投資感覺是有回報。而且如果投資正確，投資到一個對的標的物上，投資出去的錢跟回來的錢哪個比較大？當然是回來的錢更大，所以我們要說用投資。投資誰？如果說你只要投資在我身上，那就不一樣，你會覺得我幹嘛投資你？我說你只要投資誰？投資你自己。因為人們總是自私的，人都更願意投資在自己的身上，而且投資在自己哪？投資在自己的腦袋上面。好，我說你只要投資在這350塊就好了。好，你看350塊對照於前面的430塊，是有便宜價的感覺。所以你看430降價變387，387再變359，便宜再便宜的感覺。好，你看我之後

說：「如果你是非臺灣地區，費用要額外做計算」我們在做行銷動作之前，我們設想到消費者有各種各樣的可能，好，所以我們要主動寫好。萬一我們沒有寫好，大家可能收到信會說：「我又不在臺灣，我在新加坡，那我不買。」我們最好是一次廣域性的攻擊，能夠收到最好的一個成效，所以我們要把收到信的，有可能有各種各樣的狀況，比如消費者不在臺灣，他可能在美國那要怎麼辦呢？了解嗎？並不是每個讀者都還會回信再問你，有些人看不到他要答案，他直接就不買了。

你看所以信件中我標的阿拉伯數字 1 代表就是提案中的第一個部分。好，所以記住提案有很多個要素，價格是第一個要素，價格做促銷就是體驗的一部分。第二，我說：「這本書上面還會有作者本人，也就是威廉導師的親筆簽名」簽名就會提升你的產品的附加價值。所以你也可以理解說提案就是讓你產品的附加價值，更提升的一個操作。接著，「隨信還會附上一個能量書籤」真的有這回事嗎？有，真的會附一個書籤，我說：「這個書籤有用念力加持過，我曾經對著這一批書籤口裡面念念有詞的說，祝福拿到我這個書籤的人，未來會財運、好運、桃花運滾滾而來，不只智慧大開，出門也會更容易遇見貴人。」你說老師你講這個會不會太唬爛，真的會有人相信嗎？我只能說信者恆信，不信者恆不信。

就像為什麼會有人去買什麼開運小商品，什麼貔貅、什麼聚寶盆，而有些人覺得那些是迷信。反正記住我們在做銷售，

不要指望用單一一個點就能夠打動客戶的心，讓他去購買。有時候你一個主訴求，比如說網路行銷知識，他可能覺得不是那麼在意，但是你就要有第二訴求、第三訴求，搞不好是第一或第二或第四的某個訴求，勾起他想購買的心。好，我說第三個是書籤。「第四個是透過這個專案買到書的人，可以進入到書友服務的臉書、社團。」我猜很多買我的書的人，他們可能是做業務的、做直銷的，他們也很想彼此互相認識。既然你有這個想法，乾脆我就幫你搭起商業的橋樑，讓你可以進到這個臉書，彼此互相認識。搞不好你成交誰，或者你招募某個合作對象，這樣子你就賺到，看一本書才 350 元，如果你隨便賣個產品，就把它賺回來好幾倍，對不對？好，所以我又創造出一個附加價值。

接著我說：「第五個，就獲得一個機密的線上課程，主題是『如何成交老闆或講師級的人物』這是一個 50 分鐘的線上課，我從來沒有在公開場合去賣過它，因此懂得祕招的人少之又少。如果你學會了，而且真的要成交某個講師或是老闆，購買你的產品，加入你的團隊，你覺得這能夠給你帶來多大的收入？也許是 10 萬、30 萬，甚至上百萬。反正一切皆有可能，而且都曾經發生在我的身上」記住，很多人會有個錯誤的觀念。他覺得反正贈品是送你的，我就隨便講一講就好，你要買就買，他只會把注意力跟焦點好好再把它的主商品拿來解釋得很吸引人，贈品他就隨便講講而已。記住，如果你要送一個贈

品，就要把贈品價值好好的大說、特說一番，讓消費者覺得這個贈品很有價值、很心動，甚至讓他生怕拿不到這個贈品。光是為了贈品我就買了，你了解嗎？這才是正確的一種觀念。所以你看如果這一段話，我是說我會送你一個線上課程，沒了，他就會覺得這贈品沒有很吸引他，不見得會按下購物車的按鈕。可是我把這個線上課程，主題叫什麼、買了有什麼價值，都寫得很清楚，這時候你有沒有可能為了獲得線上課程而買這本書？答案是有可能的。好，我們要把事情形容得很美好，但是記住永遠不要過度承諾，了解嗎？比如我說保證你買這本書一定會賺 100 萬，但是他沒有辦法兌現，這叫過度承諾，無法兌現承諾就不要承諾。就好像如果今天你跟一個女生交往了，你跟她承諾說我發誓我永遠都會愛你一輩子，至死不渝，這講起來是很浪漫很美好，但是這種承諾也很難兌現。不過，有些女生聽了還是會暈，就覺得好棒好浪漫，你會愛我一輩子。通常而言我都不做這種承諾，我會說我只能夠承諾跟你交往的每一天，都會真心的對待你。我不能夠承諾我一定會愛你一輩子，但是我保證跟你在一起這段時光，都會真心的對你好。這樣承諾是不是就合理？

好了，接著要來解釋一下，為什麼我們講的好處是真實的，你不能光講一些讓人家覺得這個東西虛虛的，好像不太會發生。比如說如果你用那種口吻說，也許賺 10 萬、30 萬、100 萬，隨便，我也不知道，反正就像摸彩一樣，總是有中獎的機

會，這樣你就會覺得不是很有價值。所以，這封信上我說：「曾經因為成交一個講師，光那位講師，保守估計就替我賺了400 萬！」還真的有這回事嗎？這也是真的，我要跟你講，行銷不是叫你們去講一個天花亂墜，都在騙人，No，**行銷不是騙術，行銷是誠意的提升**，來請記下來，行銷是誠意的提升。我講這句話都是誠實的，就像你看著我的眼神聽著我的聲音，完全是因為有發生過這件事情我才敢講。但是我們要把誠意講到吸引人，大家想購買，不是說我們講出一個很真誠的東西，讓大家聽的覺得不舒服，No，或者是我們也不是有什麼優點，卻不敢跟別人講，這也是No。我們要把真實發生在我們身上，用一種吸引人的方法把優點陳述出來，這才是行銷的真諦。

接著我說：「而且我敢跟你打賭這個課雖然只有50分鐘，但是裡面內容，地球上 97%的人都不知道」人都有這種窺探欲，都想去知道那些別人不知道的事情。「為何我會知道？因為我本身是老闆也是講師，而且我也常常都在成交老闆跟講師，所以我來教這個超有說服力的啊。」你看我連為什麼我能夠教這個課，我都好好花了這麼多的行數跟字數去解釋，這就會讓消費者覺得我的贈品超級有價值。好了，接著：「如果你跟我認識，你會知道這樣的優惠方案是史無前例，保證空前，會不會絕後還不知道就是了。」講這句話就很合理，我說保證空前，但會不會絕後還不一定，我不能把話說死，我說保證空前，要保證絕後，萬一我這一波賣完之後被人家發現我還有繼

續再賣，人家就覺得你當初說什麼跳樓大拍賣，結果你也沒跳樓，你說三個月之內結束，結果也沒結束。

　　你這樣常常去講這東西，就會變成放羊的小孩，所以我要先說以前沒有過這樣的狀態，但或許會持續的，這不知道。這樣子就營造一種既稀缺，又沒有把話說的太滿，說的太絕的一個效果。但是我說：「有一件殘酷的事情，我等一下要跟你說明，所以這樣的專案我們是限量 100 本」。好，記住我們在設計一個提案的時候，請問一下你到底是希望客戶明年再買，下個月再買，下個禮拜再買，還是今天立刻馬上採取行動跟你購買你的產品。通常來說你會希望客戶立刻購買對不對？可是客戶不一定會馬上買，所以你要跟客戶說明一件事情，要不就是限時，要不就限量，**總得限某件事情，讓他覺得要此刻購買，對他也最有利**。因為晚一點行動可能會更不利，比如說買不到或價格會變貴，了解我意思嗎？接著：「是的，100 本究竟多久可以賣完？也許半年、也許三個月？其實我也不知道，不過無所謂，反正人生開心就好啦」我們這邊要表現出一種姿態，就是我沒有很饑餓的想要賣產品給你。**當你越表現出很饑餓的狀態，去賣產品給別人的時候，反而越有可能賣不掉**。這是一個人性很奧妙的地方，比如說你是個保險業務員，你已經三個月沒有業績，再不報件你的通訊處長就把你 fire 掉了。現在你可能去拜託很多人，說拜託給我捧個場，要不然我快要被取消掉業務資格。可是很多人就是很奇怪，你越是卑微的去求他，

他就越不想跟你買。記住，錦上添花常常有，雪中送炭很少發生，大部分都喜歡拿錢去幫助強者，所以你會看到很多他已經是頂尖的銷售冠軍，公司的 Top Sales，但是他那種氣勢，那種氣場，根本不缺業績，反而更多人會拿著錢去支持他的業績。若在公司是越谷底的業務員，臉上寫著一副衰樣的時候，人家就越不想理睬。所以如果我跟你說：「拜託，行行好，這本書家裡堆了一堆留下來的庫存，幫忙消化一下，幫忙買一下」，人家就不想買了。世界就是這樣，你說會不會有好心人幫忙你？這種人也是有，但是正常來說不多，你總不可能說你賣產品，永遠就只靠你身邊少數這種貴人在支持你，這幾率不大。所以自立自強一點，學好銷售才是硬道理，一直靠別人幫忙，這是不長久的。

「即便是之前的購買者，也無法獲得這樣的優惠」，我是把很多事情的可能性都設想好，比如說到消費者現在也有可能已經購買過書，那他可能會想是不是不用購買，就能自動等著默認會得到這些贈品？答案是沒有。所以你要幫消費者的消費行為找到一個合理的出口，例如接下來在這封信上，我寫：「除非這次他再買一本，才能獲得這樣子的完整優惠組合（如果你還真的因此買了第二本，那就捐給圖書館，或送給你的好朋友吧，我跟你的那個好朋友，或是圖書館，都會因此而感謝你的）」要不然他就卡那邊，心想：「我幹嘛要買第二本？」我還有一個朋友給我一次買 10 本，另外 9 本大概送給 9 位朋

友，很有趣。

8 明確的促成指令

　　接下來，到了這封銷售信的最後一段話：「當你買下這本書之後，我會扣除成本之後，把淨利潤的 1/10 捐給公益團體或弱勢組織，如果你覺得舉手之勞獲得知識，還能夠順便幫助別人，聽起來還不錯的話，就請點一下下面的購買連結。」記住，我們所有的文案或是面對面口語銷售，或者公眾演說銷售，最後一定要有個**明確的促成指令**，又叫**呼籲行動**。你不能把書講了半天，然後講完之後說拜拜，現在是怎麼樣？你要讓人家買，還說要打電話或者回信，當然不是這樣，在結尾就要呼籲消費者去購買，這個叫做成交的動作。很多業務員為什麼收不到錢，無法成交？因為他內心害怕成交，恐懼成交，他不敢 push 客戶去購買，因為他怕客戶會討厭他，怕被拒絕。記住，不要怕，把產品介紹完是我們的責任，介紹完之後我們要鼓勵他採取行動。但是他報不報名，這個就不要放在心上，我們並不是在壓著客戶的手去簽名或報名，我們是給客戶充分的資訊，協助他做出正確的選擇，購買好的商品就是如此而已。所以要不要選擇購買是客戶的的責任，不是你責任，不要把自己的想的太嚴重好不好？接著我寫：「**購買連結在這裡**」，這是我比較鼓勵的銷售方式，結尾放上一個購買的連結或者是按鈕，盡量不要說：「如果你要買我這本書請匯款給我，告訴我

你轉帳的金額跟末五碼再提供給我地址，我再寄給你」我覺得這樣子有點像是過去時代的方式，已經有點老派了。我們需使用比較跟得上時代的付款連結：你要線上刷卡，還有超商或者是 ATM 都可以，這是我最推薦的方式。接下來你會不會有點好奇，威廉老師你寫完這封信，後來有沒有賣出去，講到這邊我先做個小調查，想像你是當初的讀者，你也讀完我這封信。當然我今天不是要真的推銷你這本書，我只是想請你揣摩一下心境。如果你收到這封信，而且真的是你有讀完，內心有沒有可能會去點按鈕，下訂單，然後購買的嗎？你會做這動作嗎？如果你覺得你讀完這封信依然不會購買這本書，不用怕我太難過，為什麼？因為我覺得做一個銷售信的寫手，你永遠要知道一件事情，**我們並不需要去追求每一個讀完你文字的人都100%會購買**，這是做不到，神也做不到。我們要追求的是在一定的比例中，能夠因為讀完銷售信後採取購買的行為，而且這當中能夠為你創造的利潤是大過於你的成本，這樣已經非常足夠，了解嗎？哪怕你寄 1000 封信只會有一個人跟你購買，而跟你購買這個行為的帶來的利潤遠遠大過於發 1000 封信的成本，那一切都非常美好。而且發 1000 封信其實成本也沒有多少，大概就是不到 200 塊，了解嗎？所以你隨便賣的話，都會賺超過 200 塊，那寫一些東西，999 人拒絕你都不是問題。

好，各位讀者，相信你看完整個案例後已經對銷售信有一定的了解了，現在趕快到下方練習區，依據提示，試著寫寫看

吧！

現寫現賣 *Practice*

✍ 信件主旨：

✍ 開頭稱呼：

✍ 信件引言：

✍ 誘使消費者進入正文：

✍ 提案說明：

✍ 明確的促成指令：

- -

- -

- -

PS. -

祝福語： -

落款： - - - - - - - - - - - - - -

簽名檔： - - - - - - - - - - - - - -

4 步驟，讓銷售信變現

1 建立名單

　　名單蒐集的方式有分兩種，第一個是人脈建檔，你可以把你過去的一些名片拿來做數位化的建檔，這就是一種名單。但是如果你過去換過很多名片，卻沒有做過數位化的建檔，這樣等不等於名單呢？答案是不行。好，我們對名單定義就是你可以透過一些工具，不管是發 **Email，發簡訊或是發什麼，一次推送訊息給一大群人**，在這樣的一個情況之下，這才能叫名單。第二個就是透過名單收集頁，比如說你做一個 Google 表單，或是透過別的方式做了一個頁面，人家可能會在上面留下姓名或 Email 等，這樣你就可以後續發 Email 推銷產品了。

2 找到產品

好，那步驟二找到產品的部分有兩種方法，第一個是你自己研發好或者是代理別人的。舉例，如果我花半年寫了一本書，那就是自己研發，我的書就可以自己賣。可是如果每一次都要自己去研發一本書，是不是也很累？像我寫第一本書就花了將近半年的時間，如果我每次賣產品都要依賴著我自己去研發下一個產品，才有產品可以賣，這樣就太累了。所以如果我們的目標是要有蛋可以賣，我們是個賣雞蛋的商人，你的思維不用鎖定，不用養很多的雞下蛋來賣，你可以借別人的雞怎麼樣？下蛋。反正你只要有蛋可以賣就好了，這樣可以理解我的意思嗎？

3 撰寫銷售信

我覺得最簡單、最直接、最快速的一個文案賺錢方法就是寫銷售信。它快到什麼程度？快到可能你只是有個概念、有個想法，你連銷售的網頁都還沒做，就已經可以收錢，這樣夠快了吧？我不是說別的方法不好，我只是說方法相對來說是簡單快速了。因為篇幅有限，前面也已經詳細拆解銷售信了，這裡就教你最簡單、最快的一招。寫銷售信請注意幾件事情，第一，你要把所有的成交流程都規劃好。比如說他收到信之後，他到底是要怎麼跟你買，是轉帳給你，還是線上付款，還是來到某個會場聽了你的演講，或是去了某個直播之後再被你成

交。你要事先把這個流程規劃好，因為你不能寫信過去，光只是介紹商品。NO，光介紹商品是不夠的，你要把「他看完之後已經有意願跟你買了」、「如何跟你購買」這些流程全部都設計好，這叫成交流程。

還有一部分，你要注意提案設計，什麼叫提案設計呢？就是圍繞在商品以外的，能夠促使消費者更產生動力購買的產品的這些附加因素都叫提案設計。比如一本書原本賣多少錢，這個叫商品的買賣，可是這年頭如果你還是在純粹做商品的買賣，你就太 low 了。所以現在很多情況之下，你之所以會買一個產品，都不光是因為這個價格跟那個產品而已，而是那個價格跟產品之外還有很多附加的因素，比如說它的保固、售後服務、贈品，諸如此類，我們都把它稱叫提案的部分。這個提案也是你要去思考的一個部分，當然我也有別的課程會專門把提案的部分好好教一下，但這裡沒有辦法跟你詳細講解提案怎麼做。

④ 發送

好，我們看第四個步驟就是把它發送出去。發送也有分兩種，第一個叫做廣播發送，就是群發的概念，就是你一下按下去它就是萬箭齊發，發送給一堆人。接著我們來講一下另外一種排程發送。什麼叫排程發送呢？今天如果我設定好一個流程，比如說只要有人進入到我的名單系統，可能他透過臉書廣

告來到我的名單收集頁，留下 Email，接著我就第一封信發給他，第二封信再發給他，可能到第三天，我推銷一個產品給他，也許成交了。過了幾天我要推銷下一個產品，再過一個禮拜、兩個禮拜我又推銷下一個產品，依此類推。只要一個名單進入到這個排程，它就會很忠實地按照我事先規劃好的流程，一直不停地推薦我要賣的產品給他，這個叫排程發送。有點像是如果你家有個掃地機器人，你只要設定好它週一到週五的每天早上 10 點會打掃，你設定好之後就算你忘記這回事，反正只要掃地機器人沒有壞掉，它就會一直很忠實地為你執行這個工作，大概是這個概念。

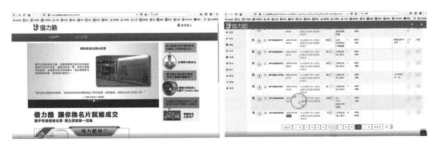

　　上圖是一套叫借力酷的軟體，我自己本身在處理訂單，我是借用「借力酷」這套軟體，它不是我開發的，是我跟一家叫松炎公司買的軟體，我覺得用這套軟體來處理我的訂單，算用的還蠻順手的。從這套軟體裡，我們可以看到信件是什麼時候發的，它可以做訂單管理，又可以作發信，所以我的電子報也是透過它發的。我有一個群組叫若水群的電子報的群組，請看一下上面這兩張圖。你可以看到《完全網銷》的賣書紀錄，當

初我把信件用word打完之後，複製貼上，貼到發信軟體裡面有加一些照片、插圖什麼的，才發出去。大概是9月5號發出去的，發出去之後是晚上十點寫信寫到十二點，十二點再發出去。後來發生什麼事情呢？從歷史訂單看，當我發出這封信之後，是在晚上凌晨十二點發出去，在凌晨二十六分就有第一筆訂單了，有沒有很妙？你想想看，如果你在三更半夜十二點，想賺錢，可能你最近一個禮拜就急需用錢，怎麼辦？用傳統的概念你要怎麼樣去賺錢？可能要找工作，去面試，面試就算錄取了也不見得馬上有薪水可以拿，所以用傳統方法賺錢是相對比較辛苦的。

但是我用銷售信寫作是不是很快？在不到半小時就有人付錢給我，接著在凌晨三十八分又有人付錢給我，五十三分、一點零一分、兩點零四分、兩點四十七分、五點、五點五十六分、六點二七分這些時間點其實我在睡覺，但是我寫完之後發出去，我就不管了，直接去睡覺，一邊在睡夢中一邊持續有錢滾進來。所以如果你今天真的掌握銷售信，或者說你掌握了用文案賺錢的技巧，你真的是可以享受這種一邊睡覺，一邊有錢，一邊有訂單的這種快感。好了，我在寫本書時，累計多少筆訂單？累計有292筆訂單，而且訂單到目前為止都還在持續增加當中，因為文案我雖然寫完了，可是這個文案一直發生效力，所以它的投入的時間已經固定了，投資的報酬卻在不斷的增加當中。

　　你可以去思考一下這句話的意思，投入的時間已經結束了，可是產生的錢卻持續的不斷增加當中。這種事情是所有不管是上班也好，業務工作也好，都不太容易發生的事情。這292筆訂單，我們先假設每個人都是買一本書，其實有些人是買兩本，甚至有人買四本的。光是用乘以一本書的定價，就是10萬又2200的營業額。你可以去想想看，如果這個事情，這個能力不是我有，而是你也能夠花兩個小時寫一封信，然後寄給你的朋友們，接著你就創造了10萬的營業額，但是淨利潤是多少？這個要看你賣的產品而定，如果你選擇一個產品利潤有50%，創造了10萬的營業額，你就淨賺5萬塊，等於換句話說你用兩個小時投入工作，賺了5萬塊。這個事情如果真的發生，你會不會認同一件事情：銷售文案寫手真的是一個時薪很高的工作！

　　好了，講到目前為止我已經分享完為什麼要學文案？是因為我們想要賺錢，因為賺錢我們可以獲得更大的自由的人生。怎麼用文案賺錢的四個流程，我也已經跟你分享完了，從建立名單到找產品，到寫銷售信，再把它發出去。總結一下，剛剛跟你分享的四個流程，以及解說了一個案例，我怎麼透過兩個小時去寫一封信，然後就賺到這樣的一個收入，這是我最佳的成績嗎？答案並不是，這是我一般般的成績，我還曾經有過寫一封信，大概是花一個小時寫，幫我淨賺了23萬又2000塊，我說的是淨賺，不是營業額，這個概念是不一樣的。聽到這

裡，你內心想發出一個哇的聲音有沒有？你看，有一個方法可以讓你在家裡面或者在任何地方，你只要手上一臺筆記型電腦、平板或手機，打幾個字按發送，用一個小時投入賺到 23 萬。你知道這已經是趨近一般的上班族，快要一年的年薪沒有。像有些人薪水可能25000，他工作一年可能就是趨近30萬，所以232000已經是一個相對不錯的收入。而且記得嗎？我花一小時寫作而已，這封信到現在還在持續幫我賺錢，我已經不用再多花一分鐘去寫那封信了，可是那封信卻幫我一直賺錢，到現在都還在賺錢。而且跟你講最神奇、不可思議的是，這封信居然不到 1000 字，大概是靠近 700 字而已。所以換作是你來寫，你打字打1000個字要多久？大概也不用一小時對不對？所以重點是什麼？重點是你要知道如何去正確的組合文字，還有組合商品跟規劃提案，做出賺錢效果。

4 煉金 Tips 4：用 LINE 勾起消費者目光

不知道你有沒有過一種經驗？就是你 LINE 上的某一位朋友，他想要推銷某件事物給你，也許是一個產品、直銷或微商的事業機會、投資產品、或某個課程。然後他很直接的就啪～一下，貼一篇廣告文給你，請問，你此刻內心感受是如何？

2 口訣，讓客戶不再拒絕

我先說說我的想法好了，通常我會內心困惑的想著，馬的，你連打個招呼，問候一下都不問候，就直接丟一篇廣告文給我，你是把我當什麼了？我看起來像是那麼隨便的人嗎？（雖然我隨便起來不是人）。

除非他貼的訊息我剛好很有興趣，否則大部分的情況下，我的感受都不太好。尤其是在這個資訊爆炸，甚至是資訊焦慮的年代，我每天都有太多群組、太多私訊需要處理與回覆了，每個訊息都在消耗了我的注意力與認知成本。

先別說廣告文了，甚至連非廣告文，有的時候都讓我看了覺得心很累。以前訊息還沒那麼多的時候，朋友發來一則心靈雞湯的 YouTube 影片，我還會心懷期待的去點它，然後津津有

味的看完影片，還覺得心靈有喝到雞湯的感覺。

　　但現在呢？現在的問題是……雞湯太多啦，當每天在不同的群組（我的LINE群有超過400個），都看到一堆的雞湯文、反詐騙、KUSO 文、長輩問候圖（我最厭惡這個！）、節日問候圖、刷存在感的文，你覺得我看到這些訊息，內心會有啥反應？當然，你的 LINE 群組不一定會像我這麼多，也有可能你的 LINE 群組比我更多，但是不可否認的是，我們都活在一個訊息太多的世界了。非廣告文都已經開始逐漸不那麼受歡迎了，更何況你是貼廣告文，還指望要讓人讀它、點它、購買它。一言以蔽之，這太難了。

　　不是你的人好不好的問題，也不是你的產品、服務、事業機會……這些好不好的問題，甚至也不是你的文案好不好的問題了。現在真正的問題是：你做的動作，太多人在做了。而任何一個企圖帶來產品行銷、個人品牌曝光的操作，一旦太多人做，其效益就會稀薄化。講更直白一點，如果你做的事情跟大家都一樣，你就完蛋了，沒搞頭了。

　　那麼，該怎麼辦？「威廉導師，你能否救救我，給我開一帖文案的藥方吧，要不然我貼出去的廣告，都沒人看啊，甚至還被朋友討厭，跟我嗆聲說：別再貼廣告給我了！」（我還真的有學生遇到這樣的問題找我求救，而我後來也真的救了他）。好吧，既然你誠心誠意的發問了，那麼我就大發慈悲的告訴你。我先說一句心法口訣，請拿出筆記記下來喔，這句口訣就

叫做……

反 璞 歸 真

① 反璞歸真

什麼意思？就是回歸到事情的本質，你到底在跟誰對話？你是在跟你的朋友對話，是吧？那麼請問你有沒有好好的尊重他，起碼將他當成一個值得被尊重的個體？如果你有把你的朋友當朋友，那麼請問你跟朋友對話，有沒有營造一種朋友Feel？我們平常如果是跟朋友聊天，會是怎麼對話的？例如，假設我要跟一個朋友對話，這位朋友叫小花，我會這麼說……

威廉：哈囉～小花，在忙嗎？有沒有空，我想跟妳說一件事
小花：怎麼了，威廉，你要跟我說什麼？

這看似平凡無奇的開場白，其實正是精妙之所在，因為它看起來完全就像是一個真正的朋友在閒聊哈拉的開場白。這時候小花的內心模式，啟動的是準備跟朋友聊天的情緒模式。而你如果像絕大多數的業務員，一下子貼一篇廣告文給對方，你覺得小花會啟動什麼情緒模式？答對了，是警戒模式。因為她會在不到一秒鐘之內，意識到又來了，又是一個白目仔在貼廣告給我了。

② 送禮法則

在平凡無奇的開場白之後，要怎麼銜接到你想賣的東西上呢？我這邊跟你分享一個技巧，叫做「送禮法則」。什麼叫送禮法則呢？就是**把你要拋給對方的廣告訊息，用一種送禮給好朋友的慎重與心情，給送出去**。想像一下，如果你到文具店，買一個精美的筆記本，你會不會在結帳的時候，請店員幫你用包裝紙包起來？最好還能包的好看一點？答案是當然會啊～因為這東西你是要拿來送人的。那就對了，你要給對方的廣告訊息，也是要包裝過後再給。不要怕麻煩，當你覺得麻煩的時候，那就對了，要知道大部分的人都怕麻煩，所以懶得包裝他的訊息，都是赤裸裸的直接丟廣告。

而唯有當你意識到這是一件麻煩事，卻欣然接受這個麻煩，費了一番心思，把你的廣告訊息加以包裝處理，那麼，恭喜你，你跟絕大多數的人比起來，離成功更近一些，因為你正在做一件大部分的人都不願意做的事兒。

那麼，該怎麼包裝呢？我的建議有兩個：

• 觀察對方發表的動態，從中找到交集點。
• 從上次聊的話題，做為切入點。

我先用第二種方式來講好了，對話類似以下這樣：

威廉：是這樣的，我印象中，你上次跟我說到，最近家裡開銷比較大，在想說要不要再去兼一份打工，賺一點外快，對嗎？

小花：對啊，怎麼了，你有什麼好工作介紹嗎？

威廉：好工作是沒有，但我有一個比兼差打工更好的提議，就是我們最近有在開一門文案課，教人怎麼透過閒暇時間，寫一些文字，就可以賺點額外的收入，我想這個可能更適合你，因為它不需要你下班後，還要舟車勞頓的趕去另外一個地方工作，畢竟你要上班，還要照顧小孩，已經夠累了，對嗎？

小花：嗯，你說的很對，那門文案課怎麼上？會不會很貴？

威廉：放心吧，在網路上就可以上課了，時間很彈性，而且好消息是，這堂課是免費的，所以你上這堂課根本不會花到錢。

小花：真的啊～這麼好？那快告訴我怎麼報名吧？

威廉：好啊，我這就把報名連結給你……

請看一下以上的對話，有沒有比起一般的廣告貼文來的更有人情味，更尊重人一些？

我現在要跟你說一件很重要的事情，這件事情在我的觀察來說，至少有 93 ％以上的業務員不知道，而我這裡所指的業務員包含那些非常資深，甚至做到位階很高的人，他們也未必

知道，因為他們的眼睛已經被成功所蒙蔽了，看不清楚事情的真相。

我還真的遇過某某大公司的總監級人物，因為說了某句話，讓我在心中暗自發誓，這輩子絕不跟他買任何產品，雖然我明明是那家公司的產品愛用者，我也寧可找別人買，也不願意跟他買，這證明了大人物也有可能犯低級錯誤。很多業務員會以為他們手裡捧著一個炙手可熱的商品或項目，所以他們拋出去的廣告，別人就有義務或理所當然的去閱讀它、理解它、點擊連結並且購買或報名。錯了，一切都錯了。這樣的錯，不止很多人在犯，就連過去的我，也常常犯這樣的錯。說不定，正在閱讀這本書的你，也可能踩到這樣的誤區。

在這個訊息滿天飛的年代，每一個訊息都像是一顆炸彈一樣，在轟炸著每個人的神經，挑戰資訊吸收速度的極限。與其花時間去閱讀、理解、一條莫名其妙，不請自來訊息，消耗了消費者的認知成本，其實對消費者來說，更好的打算是直接忽略掉你的訊息，無視它，然後用迅雷不及掩耳的速度，把視線跟注意力回歸到他剛剛正在忙的工作，或沉浸在某個更有趣的訊息堆裡面。

而我要告訴你，事情的真相是──在消費者的心裡面是這樣想的：

我不在乎你的產品有多神奇

我也不在乎你的制度有牛 B

我更不在乎你的公司背景有多雄厚

我唯一在乎的是，你有沒有在乎過我？

如果你有表現出在乎我的樣子，

那麼我也就來在乎一下你吧

如果你根本不在乎我，貼一篇文就想要成交我

那麼，很抱歉，我也不想在乎你，

因為在乎也是一種成本，

我更寧願把這種成本，

花在一個在乎我的人、業務員、或商家身上

　　雖然，關於如何用 LINE 貼文才有效，我還有很多、很多可以跟你分享的乾貨，可惜篇幅限，期待未來有機會能夠與你分享更多精彩內容喔。

　　最後，感謝你購買並閱讀完這本書，我相信只要你願意跟著這本書實際操作，你的文案力絕對比以往更加強大，甚至，能夠運用本書裡提供的行銷策略，讓你的收入翻倍式成長！如果你覺得這本書確實讓你學到東西，並且希望你的朋友能跟你一起成長，歡迎你將本書借給他看，或者是乾脆買一本送給他。

　　親愛的朋友，我是威廉，期待有一天我會在我的教室、演講裡見到你！

後　記

 1 改變我一生的轉捩點

　　雖然我從小談不上是什麼特別聰明的孩子，但我國中的時候還是擠進了資優班就讀。猶記得當時我唸國一的時候，一整個學年，學習成績都穩坐全班第二名，但很可惜的是，這個第二名是從後面數過來的。

　　你能夠想像一個小孩每次考試都考倒數第二名的感覺嗎？那種感覺真的很糟，我唸得非常沒自信，每個科目均弱，不止頭腦簡單、四肢也不發達，感覺自己就像是小叮噹裡面的大雄，可惜我沒有小叮噹出來救救我。

被發掘的隱形光芒

　　而當我唸到國二的時候，班上迎來了一位新的國文老師，她叫陳美珠老師。有一次作文課的時候，她出了某個題目（具體是什麼題目我現在也忘了），反正那一次的題目我特別有感覺，就借題發揮的把心裡的很多鬱悶寄情於字裡行間抒發出來。

　　可能正所謂真性情便是好文章吧，那篇文章在被陳老師批改的時候，大為激賞，並且在教室裡面當眾表揚這位張光熙同學文章寫的可真好。只可惜他是在臺灣的教育體系中長大，他

的優點無法成為自己的亮點，如果張同學是在西方的教育中長大，一定會成為一匹黑馬一樣的人才！我很驚訝，甚至有點不敢相信，從小沒啥自信的我，居然被老師誇獎是一個人才，問題不是我不行，而是我沒有被放在一個適合我的教育體制裡面，我當時內心的衝擊，實在難以筆墨來形容。

　　自從那一次之後，每當來到作文課，我都特別的起勁，不管題目是什麼，我都會非常認真去寫，因為我覺得就算別的科目不行，起碼我現在找到了一個我拿得出手的項目了，那就是——作文。

　　在後來的每一次作文，我都是全班前幾名的高分，甚至一路到了聯考，我的作文也是趨近滿分。由於作文激發了我的學習野心，連帶著對國文也產生了學好它的欲望，畢竟作文是在國文中的一個環節，我總不能只有作文強，國文整體卻很弱吧？

　　從此之後，不管我去到哪裡、遇到的國文老師是誰，每當他 or 她第一次批改完全班的作文作業，並且發放的時候，總會在教室裡面問一句話：「這個叫張光熙的同學是誰？」而我也習慣這樣的情況，彷彿這是一個必然會發生的事情。我的作文能力在當時已經優於我的同儕許多，又或者可以說是很有我獨到的寫作風格，不像是一個工廠量產出來的思想。

名為「寫作」的神兵利器

寫作能力的成長在我的人生當中，不但成為了我的神兵利器，有的時候也成為了我的救命繩索。已經數不清有多少次，當我的公司缺乏現金面臨窘困的時候，我寫的一篇文案又幫我賣出了一些東西變成現金，順利幫公司輸血續命成功。多少次，我走入了生命的幽谷，受限於形象包袱，不能公開討拍拍與秀秀，甚至其箇中之苦也很難跟家人訴說。此時誰是我最可靠又最能夠抒發內心滿腔愁緒的朋友呢？答案還是寫作。

非常巧合的是，當初改變我人生的恩師～陳美珠老師是一位國文老師，她啟發了我寫作的能力。而在多年之後，我也成為了許多人的作文老師，只是我教的對象是以成人為主，教的內容是商業上的銷售文案寫作。

藉由我人生中的第三本書問世的時候，我內心懷抱著對陳美珠老師無限的懷念與感恩。很慶幸的是她的手機號碼沒換，我居然還能聯繫得上，而且她接到我的電話，聽到我的名字的時候，居然還能記得我是誰，並且說出當年我的樣貌與人格特徵。我一邊與昔日授業恩師電話上聊著，用爽朗的笑聲著匯報這幾年發生的事情，兩行熱淚卻已經忍不住滾滾而下。

能好好的使用文字，與人分享駕馭文字的技巧，是一件多麼美好的事情。它甚至有可能機緣碰巧的，就改變了一個人的一生，使其找回自信，向上向善，希望有一天你也能領略這份

美好。更希望的是藉由這本書,也對某個人的人生發生了正面的影響,也許就是正在閱讀這段文字的你。

▲威廉老師「終極文案」授課照片

2 文案人必備錦囊：Q&A 特輯

行走江湖，難免會遇到各式各樣的問題，尤其是文案新手，剛上路可能會感到徬徨和迷茫。所以我特別整理了幾點文案人常見的問題，希望能夠幫助到你喔！

【問題 1】如果學會了銷售文案寫作技巧，但是不知道去哪裡找到商品來賣，該怎麼辦呢？

【解答】最簡單的方式，就是透過聯盟行銷去獲得產品。這麼做不但沒啥成本，也不用擔心庫存的壓力與包貨寄貨的麻煩。唯獨的小缺點是掌控權較低，無法按照自己的想法去設計促銷方案。

如果你有想要註冊聯盟行銷的話，以下是兩個我推薦的平台：

- 聯盟網 http://goo.gl/VB8YZ6
- 通路王 http://ibanana.biz/23vKS

聯盟網

通路王

如果你想學習更多關於聯盟行銷有關的技巧，可以掃碼參考這個課程～聯盟行銷大師班。

如果不滿足於透經營聯盟行銷的話，也可以去找到一些批貨的源頭，直接批貨來賣。這部分的溝通技術性比較高，但對於行銷方式的掌控度較高，利潤也比較高。

我有一個課程是專門教批貨的技巧，叫做「選對產品，輕鬆賺錢」，相關資訊可以掃旁邊這個QRcode。

【問題 2】如果不想賣產品，而是想接案的話，有哪些管道可以提供文案寫手接案呢？

【解答】首先，在前面提到的聯盟網，裡面也有一些業配文的徵稿，這是一個管道。此外，網路上也有蠻多接案平台，你可以上去註冊，並且找找看有沒有文字相關工作的外包案件。

在此推薦幾個平臺：

平臺名稱	網址	QRcode
JCASE	http://www.jcase.com.tw/	
Tasker 出任務	https://www.tasker.com.tw/	
PRO 達人網	https://www.pro360.com.tw	
1111 外包網	https://case.1111.com.tw/	

　　此外，在我自己創辦的公司～若水學院，也有長期在招募外包合作的文案寫手。如果有興趣的話也可以掃旁邊的QRcode上去註冊一下，看看我們有哪些外包案件。

若水學院

若水學院
Well Water College

多樣化課程，讓你從技術面到心靈面，都能得到豐盛

掃描QR cord或輸入Line id:@fos5673d

有能得到多本電子書或線上課程喔

上善群聚　　　　若水學習

匯集夢想　　　　創智無限

 貴賓兌換券

位專線：**02 2951-1501**

北市板橋區中山路一段19號4樓

中捷運站1號出口左邊對面）

上日期：2022.12.31

捷運府中站
（1號出口）

府中路

縣民大道一段

重慶路

本券截角

丁兌換

有機黑鑽蜆

乙份

會議營銷學

大師們偷偷都在用卻從來不教的大絕招

如果，你正在尋找一個可以用更省力的方式創造收入

那麼，恭喜你，你找到了！因為答案就在下面

立即掃描以下的QR CODE，我們將免費送你三堂線上課

並揭露以下的秘密絕學。

· 如何透過辦一場講座，三個小時內收入三十萬？

· 如何沒有自己的產品，也不上台演講，照樣進帳六十萬？

· 如果你還不有名、如何與巨人合作，快速爆紅，營收千萬？

您也可以透過輸入網址 https://goo.gl/6NGiYq

或來電02-2382-7288，取得本線上課程

元宇宙股份有限公司

Taiwan Meta-Magic
★ 台灣最大區塊鏈 ★
★ 元宇宙教育培訓中心 ★

（國際級證照）＋（賦能應用）＋（創新商業模式）

比特幣頻頻創歷史新高，各個國家發展的趨勢、企業應用都是朝向區塊鏈，隨著新科技迭起，翻轉過往工作模式的「數位人才」，不論本身來自什麼科系，每個產業都對其人才若渴。LinkedIn 研究最搶手技術人才排行，「區塊鏈」空降榜首，區塊鏈人才更是人力市場中稀缺的資源。

Facebook 也正式宣布改名為「Meta」，你會發現現在最火熱的創投項目，以及漲幅驚人的股票，都有一個相同的元素，如果你問 Facebook 的祖克伯、輝達的黃仁勳、騰訊的馬化騰……等一眾科技大佬，未來網路的發展方向為何？他們全都會告訴你同一個答案，那就是——元宇宙（Metaverse）。

元宇宙 (股) 早在 2013 年即出版《區塊鏈》叢書，並於 2017年開辦區塊鏈證照班，培養數千位區塊鏈人才，對接資源也觸及台灣、大陸、馬來西亞、新加坡、香港等國家，現仍走在時代最前端，開設許多區塊鏈・元宇宙相關課程。

★
區塊鏈・元宇宙
應用，絕對超乎你的想像！
★

區塊鏈與元宇宙之應用證照班
僅在一在台灣上課就可以取得中國大陸與東盟官方認證的機構，取得證照後就可以至中國大陸及亞洲各地授課 & 接案，並可大幅增強自己的競爭力與大半徑的人脈圈！

我們一起創業吧！
課程將深度剖析創業的秘密，結合區塊鏈改變產業的趨勢，為各行業賦能，提前布局與準備，帶領你朝向創業成功之路邁進，實地體驗區塊鏈相關操作及落地應用面，創造無限商機！

區塊鏈 & 元宇宙講師班
區塊鏈 & 元宇宙為史上最新興的產業，對於講師的需求量目前是很大的，加上區塊鏈賦能傳統企業的案例隨著新冠肺炎疫情而爆發，對於區塊鏈 & 元宇宙培訓相關的講師需求大增。

區塊鏈技術班
目前擁有區塊鏈開發技術的專業人員，平均年薪都破百萬，與中國火鏈科技合作，特聘中國前騰訊技術人員授課，讓你成為區塊鏈程式開發人才，擁有絕對超強的競爭力。

區塊鏈元宇宙顧問班
區塊鏈賦能傳統企業目前已經有許多成功的案例，目前最缺乏的就是導入區塊鏈前後時的顧問，提供顧問服務，例如法律顧問、投資顧問等，培養你成為區塊鏈元宇宙顧問。

數位資產 NFT 規劃班
全球老年化的到來，資產配置規劃尤為重要，傳統的規劃都必須有沉重的稅賦問題，透過數位加密貨幣與 NFT 規劃，將資產安全、免稅（目前）便利的轉移至下一代或世界上的任何人與任何地方是未來趨勢。

學習領航家——
▶ 新絲路視頻

讓你一饗知識盛宴，偷學大師真本事！

**活在資訊爆炸的 21 世紀，
你要如何分辨看到的是資訊還是垃圾謠言？
成功者又是如何在有限時間內，
從龐雜的資訊中獲取最有用的知識？**

巨量的訊息帶來新的難題，▶新絲路視頻 讓你睜大眼，從另一個角度理解世界，看清所有事情真項，培養視野、養成觀點！

師法大師的思維，長知識、不費力！

▶新絲路視頻重磅邀請台灣最有學識的出版之神—王晴天博士主講，有料會寫又能說的王博士憑著扎實學識，被朋友喻為台版「羅輯思維」，他不僅是天資聰穎的開創者，同時也是勤學不倦，孜孜矻矻的實踐家，忙碌，每天必撥時間學習進修。

❶ 歷史真相系列　　　　❺ 改變人生的 10 個方法
❷ 說書系列　　　　　　❻ 真永是真真讀書會
❸ 文化傳承與文明之光　❼ 魔法 VB & 區塊鏈・元
❹ 寰宇時空史地

一同與王博士探討古今中外歷史、文化及財經商業等題，有別於傳統主流的思考觀點，不只長知識，更讓的知識升級，不再人云亦云。

▶新絲路視頻於 YouTube 及台灣視頻網站、各大部格及土豆、騰訊、網路電台……等皆有發布，邀請你同成為知識的渴求者，跟著▶新絲路視頻偷學大師成功真經，開闊新視野、拓展新思路、汲取新知識。

國家圖書館出版品預行編目資料

超強文案力：0基礎也學得會！變現力NO.1營銷
教戰手冊／張光熙著 -- 初版 . -- 新北市：創見文化
出版, 采舍國際有限公司發行 ,2022.05
面 ; 公分 -- （優智庫71）
ISBN 978-986-97636-7-7（平裝）
1. 廣告文案　2. 廣告寫作
497.5　　　　　　　　　　　　　111004738

優智庫71

超強文案力：
0 基礎也學得會！變現力 NO.1 營銷教戰手冊

創見文化·智慧的銳眼

出版者／ 魔法講盟 創見文化
作者／張光熙（威廉老師）
總編輯／歐綾纖
副總編輯／陳雅貞
責任編輯／林芩佩
美術設計／陳君鳳

本書採減碳印製流程，碳足跡追蹤並使用優質中性紙（Acid & Alkali Free）通過綠色環保認證，最符環保要求。

郵撥帳號／ 50017206 采舍國際有限公司（郵撥購買，請另付一成郵資）
台灣出版中心／新北市中和區中山路 2 段 366 巷 10 號 10 樓
電話／（02）2248-7896　　　　　傳真／（02）2248-7758
ISBN ／ 978-986-97636-7-7　　　　出版日期／ 2022 年 5 月

全球華文市場總代理／采舍國際有限公司
地址／新北市中和區中山路 2 段 366 巷 10 號 3 樓
電話／（02）8245-8786　　　　　傳真／（02）8245-8718

全系列書系特約展示門市
新絲路網路書店
地址／新北市中和區中山路 2 段 366 巷 10 號 10 樓
電話／（02）8245-9896
網址／ www.silkbook.com

本書於兩岸之行銷（營銷）活動悉由全球華語魔法講盟 魔法講盟 與采舍國際公司圖書行銷部規畫執行。

線上總代理　全球華文聯合出版平台 www.book4u.com.tw
主題討論區　https://www.silkbook.com/activity/2019/course/silkbook_club/　　● 新絲路讀書會
紙本書平台　http://www.silkbook.com　　　　　　　　　　　　　　　　　● 新絲路網路書店
電子書平台　http://www.book4u.com.tw　　　　　　　　　　　　　　　● 華文電子書中心

B 華文自資出版平台
www.book4u.com.tw
elsa@mail.book4u.com.tw
iris@mail.book4u.com.tw
全球最大的華文自費出版集團
專業客製化自助出版·發行通路全國最強！